KB057283

아이의 자존감을 위한
부모 인문학

아이의 자존감을 위한 부모 인문학

한 아이를 키우려면
12명의 인문학 대가가 필요하다!

김범준 지음

애플북스

거인의 어깨가 되고 싶은 부모에게

아이작 뉴턴(Isaac Newton, 1642-1727)은 1687년 발간된《자연철학의 수학적 원리》에서 만유인력을 제시하는 등 과학사에서 가장 영향력 있는 인물 중 한 명으로 꼽힌다. 그는 2005년 영국왕립학회 회원들을 대상으로 "뉴턴과 아인슈타인 중에서 과학사에 더 큰 영향을 끼치고, 인류를 위해 더 큰 공로를 세운 사람이 누구인가?"를 묻는 설문 조사에서 2가지 모두 우세를 보일 정도로 과학자들에게 영향력이 있기도 하다.

"If I have seen further it is by standing on the shoulders of Giants."(내가 더 넓은 세상을 바라볼 수 있었다면 그건 거인의 어깨에 올라섰기 때문일 것이다.)

이 말은 성공의 비결을 묻는 이들에게 뉴턴이 한 말이다. 뉴턴은 도대체 누구의 어깨에 올라서서 세상을 바라봤던 것일까. 그리고 걱정이 된다. 지금 우리 아이들은 누구의 어깨 위에 서서 세상을 바라보는 것일까.

마르틴 루터(Martin Luther, 1483-1546)는 1517년 10월 31일, 로마 가톨릭교회의 문제를 지적하는 95개 논제를 발표했다. 면죄부의 효력과 한계, 회개의 의미 등 주요한 이슈를 광범하게 다룬 이 문건은 종교 개혁의 출발점이 된다. 기독교의 역사는 물론 서양 문화사의 흐름을 바꾼 문서로 평가받을 정도다. 세계사적으로 영향력을 발휘한 인물로 인정받는 루터가 자녀 교육에 관해 언급한 말이 있다.

"부모가 해야 할 일은 단 하나뿐이다. 자녀가 하고 싶은 바를 이룰 수 있도록 도와줄 만한 최적의 선생님을 찾아낸 후 땅바닥에 무릎을 꿇고 아이를 부탁하는 것이다."

나는 이 말을 보고 아이들에게 부끄럽고 미안한 마음이 가득 생겼다. 반성할 수밖에 없었다. 나는 과연 아이들이 하고 싶은 바를 잘 알아차리고 있는 걸까. 아이들이 하고 싶은 바를 이루도록 도와줄 만한 선생님을 찾아보기는 한 걸까. 좋은 선생님을 찾아

"내 아이를 도와주십시오."라고 부탁할 준비가 되어 있는 걸까.

언젠가 "자식의 삶은 아버지의 인생에 대한 처벌이다."는 말을 듣고 충격을 받은 적이 있다. 부모의 인생에 대한 처벌을 자식이 받아야 한다니…. 이 말에 두렵지 않을 부모는 없을 것이다. 솔직히 그렇게 되고 싶지 않다. 대신 "자식의 삶은 아버지의 인생에 대한 축복이다."가 실현되기를 바란다. 아마 세상 모든 부모가 나와 같은 마음일 것이다. 하지만 부모의 힘만으로 아이의 삶을 축복 가득하게 만들어 내기란 어려운 일이다. 이쯤에서 필요한 것이 있다. 뉴턴이 말했다는 '거인의 어깨'가 그것이다.

거인들은 멀리 있지 않았다. 서점에 있었고, 우리 집 책장에 있었다. 필립 체스터필드, 자와할랄 네루, 장 자크 루소, 퇴계 이황, 율곡 이이, 충무공 이순신, 다산 정약용 등 당대 최고의 인문학자 열두 명의 이야기는 그 자체로 '거인의 어깨'가 되어 우리의 아이가 하고 싶은 바를 이루는 데 도움을 줄 것이다. 세상을 호령하고 철학적 사고에 몰두하던 그들이 세상의 어린이와 청소년을 향해써 내려간 강렬한 애정의 말은 하나하나가 모두 사랑으로 가득하다. 그들이 온힘을 다해 써낸 책에서 나는 너무나 감사하게도 아이에게 들려줘야 할 인생의 지혜를 얻어낼 수 있었다.

이 책은 사랑하는 자녀를 향해 부모가 반드시 해야 할 말을 전하는 메신저 역할에 충실하고자 했다. 아이들이 자신을 지키고 성장시킬 수 있도록, 강력한 메시지를 전달하는 책이 되도록 노력했다. 이제 아이, 그리고 부모 모두 세상을 살아감에 있어 자존감을 높일 기회를 찾기를 바란다. 열두 명의 인물들이 자상하게 때로는 엄격하게 해 준 이야기를 통해서.

2020년 새로운 시작

김범준

차례

2장 · 자존감 세우기

1. 굳이 재미있는 사람이 되려 하지 말 것
필립 체스터필드 《내 아들아 너는 인생을 이렇게 살아라》 · 84

"쾌활한 것만으로 존경을 받은 사람은 이제까지 없었다." | 보아야 할 것을 볼 줄 안다는 것 "사랑하는 사람을 앞에 두고 어떻게 정신이 흐트러질 수 있겠는가?" | 인생에서 피해야 할 사람과 거리 두기 "나의 결점까지도 칭찬하는 사람은 경계한다." | 멋지게 서고, 멋지게 걷고, 멋지게 앉을 것 "찻잔 속에서 커피가 출렁출렁 춤을 추는 일이 없도록 해라."

2. 역사를 움직이는 것은 보통 사람의 몫이라는 것
자와할랄 네루 《세계사 편력》 · 108

"무엇이 옳고 그른가를 분별하는 가장 좋은 방법은 대화와 토론이다." | 교양을 갖추기 위한 마지막 두 관문, 절제와 배려 "자신에 대한 절제와 남에 대한 배려가 없다면 그는 문명인이 아니다." | 진행되는 혁명 속으로 뛰어들 것 "세계가 요동치며 변화하는 이 시대에 태어났다는 건 축복이다." | 지혜로울 것인가, 미련해질 것인가 "변화가 무섭고 낯선 것이 두려워진다면 무지(無知)하다는 증거다."

3. 고통은 자유를 얻기 위한 과정이라는 것
장 자크 루소 《에밀》 · 128

"단 한 번도 다치지 않아서 아픔을 모르고 자란다면 매우 유감스러운 일이다." | 행복 중의 행복은 권력이 아니라 자유에서 찾는 것 "자신의 의지를 행동으로 옮길 때 타인의 힘을 필요로 하지 않는다면 그가 바로 자유로운 사람이다." | 아이를 불행하게 만드는 가장 확실한 방법은 아이가 원하는 모든 것을 손에 넣게 하는 것 "아이가 자기 방의 창문을 반복해서 깬다면 창 없는 어두운 방에 아이를 가둔다." | 스무 살까지 신체에 필요한 정숙함을 잃지 말 것 "모든 배려 중에서 첫 번째 배려는 자기 자신에 대한 배려다."

3장 · 관계 자존감

1. 자녀의 공부에 대한 관심은 간섭이 아니라 의무

퇴계 이황 《퇴계 이황, 아들에게 편지를 쓰다》 · 154

"뜻을 세우지 않으니 결국 졸병으로 일생을 살 것인가?" | 사람으로서 당연히 해야 할 일을 알고 행한다는 것 "의(義)가 아닌 것은 듣지 않는다." | 나보다 잘난 사람과 관계를 맺을 줄 아는 용기 "스스로를 낮춤으로써 감히 다른 사람과 나란히 앉지 못한다는 뜻을 보여라" | 자기 자신을 보호하는 것은 무조건적인 선(善) "튀어나온 모서리에는 앉지 않는다."

2. 굳이 더 먹으려고 하지 말 것

소혜왕후 《내훈》 · 178

"나라와 집안의 흥망은 여자와 관계된다." | 장난일지라도 가벼운 말은 하지 말 것 "부끄러움과 험담을 불러들일까 두렵다면 입을 조심하라." | 부모가 화낼 때 그것을 마음에 담아 두는 자녀의 무지함 "아버지가 편안함을 기뻐하는 자녀가 된다." | 가족이 함께 지켜야 할 생활의 기준을 일상의 잘 보이는 곳에 붙여 놓을 것 "아침저녁으로 보면서 경계할 삶의 기준을 세운다."

3. 세상을 이끄는 리더가 된다는 것

존 맥스웰 《리더를 꿈꾸는 청소년에게》 · 198

"난관이 생기면 목표를 바꿔야 할지도 몰라. 하지만 넌 언제든지 그걸 이룰 수 있어." | 자신의 아름다운 내면을 우선적으로 찾아낼 것 "시간이 갈수록 나는 늘 나 자신을 똑바로 들여다보는 사람이 되고 싶어." | 문제 해결의 결정적 요소는 태도의 차이 "저는 그저 가능할 거라고만 생각했습니다." | 칭찬과 격려를 통해 함께 해나가는 기쁨을 누리는 것 "걱정하지 마. 너에게 하고 싶은 말은 최선을 다하려고 노력해 보라는 것뿐이야."

4장 · 자존감 다지기

1. 자신이 넘치도록 갖고 있는 그 무엇을 알아차릴 것

마야 안젤루《딸에게 보내는 편지》· 224

"내가 옆으로 조금만 움직이면 다른 사람이 앉을 수 있는 자리가 생긴다." | 나를 부정하는 모든 것에 대해 저항하는 법 "자기방어를 할 줄 모르는 사람은 스스로를 사랑하지 않는 사람이다." | 헤어짐으로부터 배우는 지혜 "사랑하는 사람과 헤어지는 순간 인생에서의 중요한 가치를 알게 되었다." | 불편하면 그 불편함을 일으킨 상대방에게 직접 말할 것 "어쩔 수 없다면서 스스로에게 변명하지 않는다."

2. 꽃으로도 때리지 말 것

프란츠 카프카《아버지께 드리는 편지》· 250

"아버지에게 나는 아무것도 아닌, 하잘것없는 존재였구나." | 자녀를 둔 아버지가 절대 해서는 안 될 세 가지 "아버지의 분노와 그 분노의 대상이 되는 사건 사이에는 적합한 인과관계가 없었다." | 아빠를 심판하는 사람은 가장 가까운 곳에 있는 자녀임을 잊지 말 것 "남 탓하고 있는 나를 바라보는 누군가가 있음을 알아차린다." | 자녀가 기대어 푸념할 때 받아줄 수 있는 부모가 될 것 "인간이 달성할 수 있는 최고의 성취는 결혼하여 가정을 이루고 아이들을 이끄는 것이다."

3. 어른의 대화에 아이를 참여시킬 것

벤저민 프랭클린《벤저민 프랭클린 자서전》· 274

"식사의 중심은 음식이 아니라 대화다." | 누군가를 이기기 위해 독서를 하는 것이 아님을 기억할 것 "대화에 있어 논쟁을 즐기지 않는다." | 신념만으로는 인간의 실수를 막기에 역부족임을 깨달을 것 "완전무결한 내가 되기 위해 스스로 덕목들과 그에 따른 규율을 정한다." | 더 나은 사람이 되기 위해서 좋은 것을 실행에 옮기는 비결 "일주일에 한 가지 덕목만 실천하기로 했다."

1장

자존감 공부

나를 알고 내공을 다질 때 자존감은 생긴다

① 다산 정약용 《유배지에서 보낸 편지》 (창비)

다산 정약용(茶山 丁若鏞, 1762-1836)

조선 후기 대표적인 실학자이자 개혁가이다. 《목민심서》, 《경세유표》, 《흠흠신서》 등 오백여 권의 책을 저술한 조선 최대의 정치·경제학자이다.

바른 자세가 바른 마음을 이끈다는 것

다산 정약용 《유배지에서 보낸 편지》

> **"아무렇게나 지껄이면서도 경건한 마음을 가질 수 있는 사람은 세상에 없다."**

'싸가지'란 말이 있다. '어떤 일이나 사람이 앞으로 잘될 것 같은 낌새나 징조'를 뜻하는 '싹수'의 방언이다. 주로 예의나 배려가 없는 사람을 속되게 이르는 말로 사용된다. 부끄럽지만 나는 '싸가지 없음'을 '있는 그대로의 나를 보여줌'이라고 착각했다. 예절이란 지루하기 짝이 없어 보였고, 허식(虛飾)에 불과하다고 생각했다.

제 잘난 맛에 산다는 말을 실천하듯 '무예절의 자연스러움'을 강조하면서 여기저기 마구 부딪히곤 했다. 누군가의 충고와 조듯한 모습은 또 얼마나 중요한가. 나는 지금도 구부정한 내 모습이 마음에 들지 않는다. 바른 자세로 앉도록, 바른 자세로 서 있도록 노력했어야 했다. 좀 더 단정하면서도 당당한 모습으로 가꾸지 못한 것이 아쉽다. 단정하고 당당한 몸은 마음으로 이어져 강한 자존감을 형성했을 텐데.

> "비스듬히 드러눕고 삐딱하게 서고, 아무렇게나 지껄이고 눈알을 이리저리 굴리면서도 경건한 마음을 가질 수 있는 사람은 이 세상에 없다."

다산의 말이다. 바른 자세가 바른 마음을 이끈다. 예절이 부족하고 바르지 않은 자세의 나에게 먼저 다가와 "그래, 네가 괜찮은 놈인 거 다 알아!"라며 적극적으로 이해해 줄 사람은 그리 많지 않다. 부모 정도? 하지만 사적인 관계가 아닌 공적인 관계나 비즈니스를 위해 만난 누군가가 과연 예절이 부족한 나를, 바르지 않은 자세의 나를 알아줄 여유가 있을까.

그동안 잘못된 예절과 태도로 인해 불이익을 당한 건 나로 끝을 맺어야 한다. 내 아이들은 외적인 것에도 신경을 쓰도록 권하겠다. 외적인 것이 뭐 그리 중요하느냐고 주장하는 사람의 말에는 귀를 기울이지 말라고 조언할 테다. "하늘의 이치에 통달하고 재주도 많으며 다른 사람보다 뛰어난 식견을 가졌다고 하더라도 정작 중요한 것은 말과 행동, 그리고 얼굴 표정"이라는 다산의 말을 전하면서.

"몸을 움직이는 것, 말을 하는 것, 얼굴빛을 바르게 하는 것, 이 세 가지가 학문하는 데 있어 가장 우선적으로 마음을 기울여야 할 일이다. 이 세 가지도 못하면서 다른 일에 힘쓴다면, 비록 하늘의 이치에 통달하고, 재주가 있고, 다른 사람보다 뛰어난 식견을 가졌다 할지라도 결국은 발꿈치를 땅에 붙이고 바로 설 수 없어 어긋난 말씨, 잘못된 행동, 도적질, 대악(大惡), 이단(異端)이나 잡술(雜術) 등으로 흘러 건잡을 수 없게 될 것이다."

부모들은 흔히 자녀에게 이렇게 말한다.
"공부만 잘하면 돼!"
하지만 다산은 경고한다. 단지 공부 하나 잘한다고 여유를 부리는 건, 자녀가 도적질을 하고, 대악과 이단으로 흘러가도록 만드는 원인이 될 수 있다고 말이다. 나를 돌아본다.

'나는 예절을 잘 지키고 있는가? 나의 태도는 어떠한가?'

더 나아가 생각해 본다.

'내 아이들은 자신의 몸을 잘 다스리고 있는가? 외모는 늘 단정한가?'

학문보다 먼저 관심을 두고 살펴야 할 것이 있다.
첫째, 바르게 몸을 움직이는 것. 둘째, 말을 잘 하는 것.
셋째, 얼굴빛을 바르게 하는 것.

아이는 부모의 등을 보고 자란다. 그렇다면 부모인 내가 먼저 달라져야 한다. 필요하면 나보다 앞서 세상을 살다 간 다산과 같은 성현(聖賢)의 옛말을 찾아 읽으며 차근차근 변하려고 노력하는 게 맞다.

자존감은 긍정적인 방향으로 변화할 때 더욱 강해진다. 그 첫 번째 과제로 아이들에게 사회 속에서 행해야 할 바른 예절과 자세를 가르치자. 이를 위해서는 아빠, 그리고 엄마부터 예절에 대해 제대로 알아야 한다.

좋은 사람을 멀리 두지 말 것
"쓸모없는 사람과 어울려 지내지 않는다."

어린 시절 집 근처에는 버려진 공터가 많았다. 말 그대로 아무 것도 없는 공간이지만 그곳에서 나는 해가 질 때까지 아이들과 실컷 뛰어놀았다. 유년 시절의 기억은 유난히 반짝반짝 빛나며 흑백 영화의 한 장면처럼 추억이라는 프레임 안에서 온기를 뿜어 낸다. 하지만 황금 같은 어린 시절이 마냥 지속될 수만은 없었다. 어느 날 갑자기 아버지가 이사를 한다고 선언하셨다. 속된 말로 '학군 좋은' 곳으로.

아들이 공부보다는 축구한다고 늘 놀이터만 배회하는 게 걱정스러우셨던 것이다. 결국 아버지는 장남인 나의 공부 환경이 염려되어 변두리를 떠나기로 결심하셨다. '맹모삼천지교(孟母三遷之敎)'의 깊은 뜻은 그때도 여전히 살아 있었던 모양이다. 지금 이라고 다를까. 더하면 더했지.

다산도 내 아버지와 같은 마음이 있었던 것 같다. 그는 자녀들이 '문명(지금의 학업 정도로 해석하면 적당하다)'의 중심으로부터 벗어나는 것을 극도로 경계했다. 특히 아이들이 최적의 교육을 받을 수 있는 곳에 있기를 원했다.

"중국은 문명한 것이 풍속이 되어 아무리 궁벽한 시골이나 먼 변두리 마을에 살더라도 성인이나 현인이 되는 데 방해받을 일이 없으나, 우리나라는 그렇지 못해서 서울 문밖에서 몇십 리만 떨어져도 태곳적처럼 원시 사회인데 하물며 멀고 먼 시골이랴? 지금은 내가 죄인이 되어 너희들에게 시골에 숨어서 살게 하고 있다만, 앞으로의 계획인즉 오직 서울로부터 10리 안에서만 살게 하겠다."

'서울로부터 10리 안에서만 살게 하겠다.'는 다산의 말이 인상적이다. 그는 왜 자녀를 서울이나 서울 근교에 살게 하려고 했을까. 자녀들이 문명, 문화를 가까이에서 경험하게 하고 싶은 아버지로서의 소망이 가득했기 때문이었을까. 학문에 대한 정보, 즉 지식을 얻기 위한 최적의 장소로 서울을 생각했던 것일까.

지금은 시골에 살고 있지만
언젠가 반드시 서울이나 서울 가까운 곳에 너희들을 살게
할 것이다.

그가 근본적으로 고민했던 것은 '문명, 문화, 학문 그 자체'보

다는 '문명, 문화, 학문에 익숙한 사람들로부터의 소외'였다. 다산에겐 자녀들이 학문에 뜻을 세우지 않고 하루하루 '그저 그렇게' 살아가는 사람들만 접하다가 그런 수준에 안주하며 살게 되지 않을까 하는 경계심이 있었다.

> "함께 어울려 지내는 이들이 버림받아 쓸모없는 사람들
> 이라면 그들로부터 얻는 견문(見聞)은 실속 없고 비루할 뿐
> 이다."

'버림받아 쓸모없는 사람'이라는 말이, 지금 세상에서는 받아들이기 어려운 표현이긴 하다. 하지만 사랑하는 자녀를 위해 고민하는 아버지라면 충분히 다산의 말뜻을 이해할 것이다.

문명, 문화, 학문, 그리고 현인(賢人)들로부터의 소외를 걱정하는 '아버지 다산'의 모습이 손에 잡히는 것만 같다.

그는 결론적으로 말한다. 좋은 길을 가는 사람들로부터 멀어지지 말라고.

0.5초 만에 지구 반대편 소식도 알 수 있는 세상에 부적이라니 우습기도 하지만, 집주인의 마음을 전혀 이해 못하는 건 아니다. 나도 젊었을 땐 괜찮았는데 나이가 드니 오히려 '용한 부적 한 장쯤' 갖고 싶을 때가 있으니까. 잡귀가 있다면 쫓고 싶고, 할 수만 있다면 재앙을 물리치는데 도움이 되는 부적. 왠지 누워만 있어도 살이 빠진다는 다이어트 운동 기구 같은 느낌이다.

다산이 살던 시대에도 잡귀를 쫓고 재앙을 물리치기 위해 붉은색으로 글씨를 쓰거나 그림을 그려 몸에 지니고 집에 붙이는 부적이 있었다. 그런데 다산은 부적을 실물 형태로만 한정하지 않았다. 우리가 생각하는 노란 종이 위의 붉은 글씨 형태가 아닌 '정신적 형태의 부적'을 강조했다.

그가 생각했던 정신적 부적에는 세 가지가 있다.

첫째, '말조심'이다.

> "거듭 당부하는 건 말조심하는 일이다. 전체적으로 완전
> 해도 구멍 하나만 새면 깨진 항아리와 같듯이, 모든 말을 미
> 덥게 하다가도 한마디만 거짓말을 하면 도깨비처럼 되는
> 것이니 너희는 조심해야 한다. 실속 없이 과장된 말을 하는
> 사람을 남들은 믿어 주질 않는다."

부끄럽지만 내 아이들 얘기를 해 본다. 이제는 중학생이 된 두 아들이 사용하는 언어를 듣고 충격을 받은 적이 있다. 차마 입에 담지 못할 말이었다. 상대방을 조롱하는 말이어서 화가 크게 났다. '공부에 쫓기느라 바른 언어에 서투를 수도 있는 십 대 청소년들'이라고 무작정 받아 주는 건 위험하다. 다산의 말처럼 자신의 말 한마디로 도깨비처럼 될 수도 있으니 말이다.

한마디의 거짓말은
나머지의 모든 미더운 말들조차 도깨비처럼 만든다.

둘째, '부지런함'이다.

'부지런함'이란 무엇일까. 내게 설명해 보라고 하면, '게으르지 않음'이라는 평범한 말로 설명할 것이다. 하지만 다산은 이를 보다 구체적으로 설명했다.

"오늘 할 일을 내일로 미루지 말 것, 아침 때 할 일을 저녁 때로 미루지 말 것, 맑은 날에 해야 할 일을 비오는 날까지 끌지 말도록 할 것, 비오는 날 해야 할 일을 맑은 날까지 끌지 말아야 할 것. 집안의 상하 남녀 간에 단 한 사람도 놀고

먹는 사람이 없게 하라. 잠깐이라도 한가롭게 보이는 사람
이 있어서는 곤란하다. 이런 걸 부지런함이라 한다."

　나는 아빠다. 그런데 엄마는 부엌에서 설거지하느라 정신없
는데 아빠라는 사람이 거실 소파에 누워 텔레비전만 보고 있다
면 과연 아이들에게 부지런함을 말할 수 있을까. 말해 봐야 자녀
가 그걸 받아들일까. 본 적이 없으면 할 수가 없다.
　아빠로서 자녀에게 '부지런함'이라는 정신적 부적을 물려주
고 싶다면 지금 당장 일어나서 함께 설거지하고 음식물 쓰레기
를 버리는 등 동등하게, 아니 좀 더 움직이는 모습을 보여 주는
것이 옳다.
　셋째, '검소함'이다.

　"의복이란 몸을 가리기만 하면 되는 것인데 고운 비단으
로 된 옷이야 조금이라도 해지면 세상에서 볼품없는 것이
되어 버리지만, 텁텁하고 값싼 옷감으로 된 옷은 약간 해진
다 해도 볼품이 없어지지 않는다."

　다산의 검소한 자세로부터 나의 '옷 탐'을 반성한다. 옷장을

열며 '왜 이토록 입을 게 없지?' 하던 모습이 부끄럽다. '옷 탐'을 곁에서 지켜보고 있을 아이들에게 검소함이라는 '정신적 부적'을 물려줄 수는 없는 노릇이다. 단지 옷뿐일까. 다산은 '옷 탐에 대한 경고'뿐 아니라 '식탐에 대한 경고'도 언급했다.

> "아무리 맛있는 고기나 생선이라도 입안으로 들어가면 더러운 물건이 되어 버린다. 어떤 음식을 먹을 때마다 이러한 생각을 지니고 있어야 하며, 맛있고 기름진 음식만을 먹으려고 애써서는 결국 변소에 가서 대변 보는 일에 정력을 소비할 뿐이다."

다산은 자신의 자녀에게 말조심, 부지런함, 검소함이라는 '정신적 부적'을 붙여 주고 싶었던 것 같다. 나는 과연 아이들에게 어떤 부적을 붙여 주고 싶은 걸까. 돈? 명예? 성적? 성공? 수준 낮은 생각에 부끄러움을 느낀다. 그리고 나 자신을 먼저 반성한다. 다산의 충고를 그대로 받아들이면서 스스로에게 질문해 본다.

곤드레만드레가 되어 정신을 잃고 혹자는 남쪽을 향해 절을 하고 더러는 자리에 누워 뒹굴고 하였지만, 나는 내가 읽을 책을 다 읽어 내 차례를 마칠 때까지 조금도 착오 없게 하였다. 다만 퇴근하였을 때 조금 취기가 있었을 뿐이다."

"헐."이란 소리가 나오지 않을 수 없다. 주변이 '쑥대밭(곤드레만드레, 자리에 누워 뒹굴고…)'임에도 흐트러지지 않는 모습으로 게다가 책을 읽고 있는 그의 모습은 상상만 해도 대단하다.

그는 술을 잘 마시는 것을 자랑거리로 삼지 않았다. 대신 자기 주량도 모르고 함부로 술을 마시는 사람을 공개적으로 비웃을 뿐이다.

참고로 나와 같은 '그저 그런' 혹은 '평범한' 남자들은 술 좀 마시는 걸 뭔가 대단한 것으로 착각한다. 자기가 술에 좀 강하다고 상대방에게 술을 강요하는 우스꽝스러운 행동을 부끄럼 없이 행한다. 그러다 결국 술 때문에 자신의 명성을 한순간에 엉망으로 만들기도 한다. 굳이 예를 들 필요도 없이 이런 경우는 주변에서 수도 없이 봤을 테다.

술을 큰 사발로 마셨지만
나는 내가 읽어야 할 책을 모두 다 읽었다.

다산은 술이 온 세상 악의 근원이라고 여겼다. 그래서 철저히
경계의 대상으로 생각했다.

"나라를 망하게 하고 가정을 파탄시키거나 흉패한 행동
은 모두 술로부터 나왔다. 그래서 옛날에는 술을 마실 때 뿔
이 달린 술잔에 담아 조금씩 마시게 하였다."

나는 그동안 술을 어떻게 마시고 있었던가? 지금은? 그리고
앞으로는? 핑계에 불과하지만 그래도 사회생활이란 걸 하다 보
니 어쩔 수 없이 술을 마셔야 하는 경우도 생긴다. 다산은 다음
과 같이 말한다.

"참으로 술맛이란 입술을 적시는 데 있다. 소 물 마시듯
마시는 사람은 입술이나 혀에는 적시지도 않고 곧장 목구
멍에다 탁 털어 넣는데 그들이 무슨 맛을 알겠느냐?"

다산 정약용 《유배지에서 보낸 편지》   33

술은 입술만 적시면 된다. '원 샷'을 외치며 술잔을 돌리던 나의 어리석은 과거가 떠올라 부끄러워진다. 그걸 사내답다고 생각했던 무지함은 창피하다. 다산은 술에 대해 이렇게 결론 내린다.

"술로 인한 병은 등에서도 나고 뇌에서도 나며 치루가 되기도 하고 황달도 되어 별별 기괴한 병이 발생하니, 한번 병이 나면 백 가지 약도 효험이 없다. 너에게 바라고 바라노니 입에서 딱 끊고 마시지 말도록 해라."

술을 입에서 딱 끊고 마시지 말기를
너희에게 바라고 바란다.

"술꾼은 어리석은 자의 언어와 불한당의 마음을 갖고 있다."는 격언이 있다. 누군가는 술에 취한 자는 스스로 넘어지게 내버려 두라고까지 말한다.

내 아이가 성인이 되어 술로 스트레스를 풀려 하지 않기를 바란다. 아니 술을 마시지 않기를 바란다. 그 대신 운동으로 건전하게 감정을 발산하기를 원한다. 내일은 아침 일찍 일어나 함께 스트레칭이라도 하며 운동 습관을 기르도록 도와야겠다.

술을 마시는 이유는 몸과 마음이 환경과 관계에서 다가오는 스트레스를 일시적으로 해소하기 위해서가 아닐까 싶다.

몸과 마음이 건강하다면, 높은 자존감을 갖고 있다면 술의 유혹도 견뎌내고 술 때문에 자신의 일상을 망치는 일은 없지 않을까.

다산의 말처럼 아이들이 성인이 되어서도 술을 딱 끊기를, 아니 술을 접하지 않고도 충분히 일상을 즐길 수 있기를 바란다.

② 율곡 이이 《격몽요결》 (올재)

율곡 이이(栗谷 李珥, 1536-1584)
조선 중기의 문신이자 학자이다. 사임당 신씨의 아들로 어려서부터 어머니의 영향을 많이 받으며 자랐고
퇴계 이황과 함께 조선 성리학의 양대 산맥을 이루었다. 《동호문답》, 《성학집요》, 《경연일기》 등의 명저를
남겼다.

공부란 쓸데없는 욕심을 누르며
자신을 이겨 내는 것

율곡 이이 《격몽요결》

| **"공부를 하지 않으면 사람다운 사람이 아니다."**

  '공부' 하면 영어 공부부터 떠오른다. 도대체 언제부터 시작한 영어 공부인가. 그런데도 지금 나의 영어 실력은 늘 '이 모양, 이 꼴'이다. 그동안 영어 공부를 완전히 손에서 놓은 것도 아니다. 백일이면 된다는, 4만 9천9백 원만 내면 된다는, 그밖에도 수없이 많은 성인 영어 프로그램을 직접 또는 간접(이러닝)으로 접했지만 늘 그렇듯 시작은 심히 창대하였으나 끝은 보잘 것 없었다.

  그래서일까. 언제부터인가 영어 공부만이 아닌 공부 그 자체에도 회의(懷疑)를 갖게 되었다. 이미 직장인이 되었고, 부양가족까지 있는 성인이 무슨 공부란 말인가. 적당히 인간관계를 맺고 적당히 돈벌이나 하면 되는 것을. 공부에 투자하는 비용을 사적인 취미 생활에 사용하는 게 훨씬 낫다는 결론에 이르렀고 실제로 그렇게 했다. 과거 어느 시점까지.

율곡 이이(栗谷 李珥)가 나의 생각을 들여다보면 크게 한숨을 쉬었을 것 같다. 퇴계 이황과 함께 16세기를 대표하는 학자이자 성리학이란 학문을 조선에 토착화했다고 평가받는 그에게 나같은 사람은 참으로 '모자란 사람' 그 자체일 테니까. 공부에 대해 흥미를 느끼지 못한 채 나이만 먹어 가는 나를 보면서 답답해했을 것이다. 그런 아빠가 자녀들에게 "공부하라!"고 말하는 것에는 경악했을지도 모른다.

공부란 무엇인가. 최소한 어른이라면, 누군가의 아빠라면, '공부는 이것이다!'라고 정의 내릴 수 있어야 하지 않을까? 율곡의 책 중에 《격몽요결》이 그 지침이 되어 줄 것이다. 이 책은 공부에 대한 기본 방향을 알려 준다. 지금의 초·중학생 정도로, 어린 학생들을 위해 쓴 책이지만 나 같은 중년 부모에게도 큰 울림을 준다. '성장'이라는 키워드를 간직하고 오늘도 열심인 아이들을 위해서라도 꼭 읽어야 할 책이다. 그의 이야기로부터 공부가 무엇인지 살펴보기로 한다.

율곡은 말한다.

"사람으로 태어나 살아가는 데 있어 공부를 하지 않으면
사람다운 사람이 아니다."

살아감에 있어 공부는 필수다. 아니 사람됨의 조건이다. '또
공부인가. 또 외워야 하는가. 또 시험 봐야 하는가.'라는 생각이
들 수도 있다. 공부와 이미 멀어진 나 같은 중년 부모들과 공부
라고 하면 학원을 떠올리는 우리 자녀들에게 공포와 갑갑함을
주는 말 같다. 율곡의 말이 틀리진 않지만 이 한 문장만으로 공
부를 해야 할 당위성을 느끼기는 힘들다.

그래서일까. 율곡은 공부를 해야 하는 이유를 아래와 같이 설
명한다.

"아버지는 마땅히 자식을 사랑해야 하고, 부부 사이에는
마땅히 분별이 있어야 하고, 형제는 마땅히 서로 우애해야
하고, 어린이는 마땅히 어른을 공경하고, 친구 사이에는 마
땅히 믿음이 있어야 하는 것이다. 이러한 것들은 날마다 행
동하거나 조용히 있는 사이에도 각각 당연한 것을 취해 행

해야 할 것이다. 다만 배우지 않은 사람은 마음이 자기 욕심에 막혀서 눈으로 보고 아는 것이 어둡게 된다. 그러므로 모름지기 책을 읽고 세상의 이치를 끝까지 연구하여 당연히 실천해야 할 길이 무엇인가를 찾아내야 한다.”

　율곡에 의하면 공부란 ‘세상의 모든 것을 접함에 있어 당연한 것을 취하는 능력을 배우는’ 것이다. 공부가 부족하면 스스로의 욕심에 막혀 세상을 볼 줄 모르게 된다. 그런데 율곡은 안타깝게도 ‘처음 배우는 사람들이 무엇을 어디에서부터 배워야 할지 그 방향을 알지 못하고’ 갈팡질팡하는 것을 발견하고 답답해했다. 그래서 쓴 책이 《격몽요결》이다.

　율곡이 지금 생존해 있는 인물이라면 아마 “좋은 대학에 가기 위해, 좋은 직장에 들어가기 위해서가 아니라 ‘좋은 사람’이 되기 위해서 공부해야 한다.”고 말했을 것이다. 좋은 직장, 좋은 대학 보다는 자녀를 사랑하는 아버지, 서로 분별력을 갖고 대하는 아내와 남편, 믿음을 갖고 지내야 하는 친구 사이에 필요한 것이 공부라고 정의했을 테다.

배우지 않은 사람은

마음이 자기 욕심에 막혀서 눈으로 보고 아는 것이 어둡다.

율곡에 의하면 공부를 하는 이유는 세상을 보는 능력을 키우기 위함이다. 공부는 일회성으로 끝나는 것이 아니라, 끝없이 진행되어야 하는 수행과 같다. 암기하고 시험 봐서 성적 좋게 나오는 것이 공부의 목적은 아니라는 말이다.

> "지금 사람들은 학문이 일상생활에 어떻게 쓰여야 하는
> 지를 알지 못하고, 까마득히 높고 멀어서 실행하기 어렵다
> 고 여긴다. 그리하여 공부하는 것을 남에게 미루고, 자기 스
> 스로 자포자기해 버리니 이 어찌 슬픈 일이 아니겠는가?"

공부는 더 나은 일상을 위한 행위다. 공부의 목적이 오직 시험, 대학, 직장이라면 그 굴레에서 벗어나야 한다. 나 그리고 우리의 자녀가 배우는 하나하나가 모두 내가 좀 더 나은 사람이 되게 하고, 일상에서 좀 더 현명한 선택을 할 수 있도록 만드는 것이라는 통찰이 있어야 비로소 공부할 준비가 되었다고 할 수 있다.

공부하는 것을 미루는 건

자기 인생에 대한 자포자기와 같다.

율곡의 이야기에 귀를 기울이다 보니 내가 그동안 아이들에게 했던 말이 떠올라 부끄러워진다.

공부에 관해 아이들과 나눈 이야기라고는 "숙제 했니?", "몇 점 맞았니?(몇 등 했니?)"가 거의 다였다. 공부에 대해 편협한 시각을 갖고 있었던 내가 무슨 뜻으로 아이들에게까지 나의 생각을 강요하려 했던 것일까. 창피하다.

나 자신은 '좋은 사람'이 되기 위해 얼마나 공부하고, 그에 따른 숙제를 어떻게 해내고 있었던가. 의미 없는 드라마와 프로야구 중계를 보고, 모바일 게임을 하며 시간을 허비해 놓고는 건방지게 좋은 사람이 되기를 원했던 것은, 아니 괜찮은 사람이라고 착각했던 것은 아니었던가.

자녀와 공부에 대한 이야기를 진심으로 나누고 싶다면 일단 《격몽요결》부터 펼 일이다. 알고 보니 율곡 또한 자신이 쓴 책 《격몽요결》을 읽으며 스스로 반성하는 계기로 삼는다.

"학생들로 하여금 이 책을 보고 마음을 씻고 의지를 굳게 세워 자리를 잡아 그날부터 공부하게 하려고 한다. 그리고 나 또한 오랫동안 습관에 젖어 있는 것을 걱정하여 이 책을 가지고 스스로 경계하고 반성하려고 한다."

매일 《격몽요결》을 펴서 한 쪽이라도 자녀와 함께 읽고 생각을 나누면 어떨까. 공부에 대한 서로의 생각을 이야기하고, 더 괜찮은 삶을 살아 내기 위한 지혜를 나누는 시간을 만들 수 있지 않을까. 인생의 의미를 느끼고 자존감을 키우는 주제에 대해 부모와 자녀가 함께 공부하는 시간을 가져야 할 때다.

무엇인가를 시작하기 전에 가졌던 마음가짐을 서로 이야기해 볼 것
"반드시 훌륭한 성인이 되리라고 다짐한다."

'초심(初心)'. '처음에 먹은 마음'이라는 뜻이다. 뭔가 괜찮아 보이는 느낌의 이 단어, 하지만 실제로는 오히려 부정적인 문장에 활용되는 경우가 많다.

- 초심을 잃었다.

- 개구리 올챙이 적 생각 못한다.

- 작심삼일(作心三日)

　무엇인가를 시작할 때 스스로 다짐했던 마음가짐을 유지하기가 힘들다는 말이다. 꿈과 소망이 현실의 벽과 여러 난관을 마주하게 될 때 우리는 보통 초심으로 돌아가기보다는 다른 편안한 길을 원한다. 처음에 먹은 마음은 사라지고, 무엇을 해야겠다는 다짐은 잊어버린 채 전혀 다른 것을 향해, 그것도 잘못된 방향으로 발걸음을 옮긴다. 그리고 다시 좌절한다.

　무엇인가를 하고자 한다면

　우선 자기의 뜻부터 제대로 세운다.

　초심이란 단어를 떠올리면 좀 안쓰럽다. 처음에는 열심히 하겠다는 마음가짐을 가지고 열정적으로 시작했으나, 시간이 가면서 마음이 해이해지는 경우가 대부분이기 때문이다. 사실 초심은 의미의 문제가 아니라 초심을 부정적으로 왜곡시킨 우리의 마음과 의지가 더 문제다. 아마 우리 스스로에게 질문해 봐도 마찬가지일 것 같다.

  - 현재 재직 중인 회사에 입사할 때 어떤 마음가짐이었던가?
  - 사업을 시작할 때 무슨 마음으로 덤벼들었을까?
  - 나는 과연 이 가정을 어떻게 시작했는가?

  우리의 일터 그리고 가정을 시작할 때는 분명히 초심이 있었을 테다. 하지만 우리는 초심이 어느새 이상한 방향으로 왜곡되는 것을 그저 바라만 보았다. 방관하고 회피했다. 그렇게 어느 순간 초심은 허물어졌다.

  율곡은 충고한다. 무엇을 하든지 우선 자신의 뜻부터 세워야 한다고. 그 뜻에 무게를 실어 자신의 의지로 마음속에 새겨 넣어야 한다고.

  "처음 학문을 하려는 사람은 먼저 자기의 뜻부터 세워야 한다. 그리하여 반드시 훌륭한 성인이 되리라고 다짐하고, 털끝만치라도 자기 스스로를 시원찮게 여기거나 한 발 물러서서 불가능하다는 핑계를 대서는 안 된다."

《격몽요결》첫 장의 핵심은 '입지(立志)', 즉 '뜻을 세우다'이다. 율곡이 말하는 초심에서 눈여겨볼 만한 키워드 하나를 발견했다. 그것은 바로 '훌륭한 성인'이라는 목표다. 뜻을 세운다는 것은 "내가 ~(무엇을) 할 거야!"로 끝나는 일이 아니라는 것이다. 그건 자신을 속이는 일이다.

율곡은 초심에서 우리가 흔히 생각하는 '해야 할 그 무엇'의 목적이 '그 무엇'에 있는 게 아니라고 말한다. 우리가 초심을 잃게 되는 이유는 '그 무엇'에만 집중하느라 진정으로 초심이라고 할 수 있는 '훌륭한 성인이 됨'이란 가치를 잊어버리는 것에 있음을 지적한다.

생각해 보니 그렇다. 내가 회사의 임원이 되려면, 멋진 프랜차이즈 사업을 벌이는 경영자가 되려면, 한 가정의 모범적인 부모가 되려면, 먼저 '좋은 사람'이 되어야 한다. 좋은 사람이 아닌데도 회사의 임원이 되고, 한 회사의 경영자가 되고, 한 가정의 가장(家長)이 된다면 그건 오히려 비극의 시작이다.

율곡의 현명함으로 인해 반성하는 마음을 갖게 된다. 나는 세상이 말하는 성공에 초점을 두는 데에 그쳐서는 안 됐다. '훌륭한 성인'이 되는 것을 목표로 삼아야 했다.

이런 마음가짐 없이 무작정 승진, 많은 수입, 높은 지위만을 초심의 목표라고 생각했으니 일상의 매 순간이 고통일 수밖에 없었다. 모든 해악들 가운데 가장 고통스러운 것은 자기 자신에게 가한 해악이라는 말이 있다. 초심의 목표를 잘못 설정한 바로 그 순간부터 고통은 시작되었던 것 같다.

물론 율곡이 말하는 성인이란 '성인(聖人)', 즉 지식이나 덕이 뛰어나고 규범으로써 존경받는 인물, 수행을 쌓은 위대한 인물이었을 것이다. 하지만 우리 모두가 그런 사람을 목표로 삼을 필요는 없을 테다. 소박하게 '성인(成人)'이 되는 것만을 목표로 삼아도 충분하지 않을까. 단, 훌륭한 성인이 되는 것이어야 하겠지만. 참고로 율곡은 훌륭한 성인이 되기 위해 조심해야 할 것을 두 가지 제시했는데 그것 역시 참고할 만하다.

첫째, 스스로를 존중하지 않음에 대한 경계

둘째, 쉽게 포기하려는 마음가짐(평계)에 대한 경계

율곡은 이러한 모든 것들이 조화로울 수 있어야 '훌륭한 성인'이 될 수 있는 '제대로 된 초심'을 가졌다고 여겼다.

무엇인가를 이루고 싶은 사람은 자기 스스로를 시원찮게 여기거나 한 발 물러서서 불가능하다는 평계를 대서는 안된다.

반성한다. 나는 그동안 아이들에게 "뭘 하고 싶니?", "어느 대학에 갈 거니?", "어떤 일을 하고 싶니?"라고 물어 왔다. 이제 율곡의 충고로 인해 되돌아보고자 한다. 과연 내 질문은 합당했던가? 아이가 스스로 자존감을 갖고 무엇인가를 해낼 만한 원동력을 심어 줄 수 있는 말을 하고 있었는가?

숙제, 시험, 대학, 직장 등이 내가 생각하는 아이들이 가져야 할 초심의 목적이었다. 그러니 그것에 도달하는 과정에서 약간의 어려움만 생겨도 아이들은 초심을(사실은 '가짜' 초심) 쉽게 버릴 수밖에 없었을 테다. 좋은 사람, 괜찮은 어른, 훌륭한 성인이라는 개념이 없기에 무엇인가를 할 때도 금방 매너리즘에 빠지고 스스로 핑계를 대며 포기했을 것이다.

이제 내 아이들과 초심에 대해 말해 보려 한다. 아이들의 초심을 듣기 전에 나의 초심부터 먼저 얘기해 보겠다. 나 그리고 우리가 함께 바라야 할 목표가 무엇인지 생각하고 경계해야 할 것을 이야기하려 한다. 그러고 나서 비로소 구체적인 학업, 대학, 직장 문제에 대해 서로의 생각을 나눠 보겠다.

아이들이 무작정 인생의 길을 나서기 전에 되고자 하는 모습을 제대로 그려 낼 수만 있다면 필연적으로 다가올 일상의 수많은 난관도 여유롭게 이겨 내지 않을까. 율곡이 말하는 '입지(立

志)'를 이루었다고 아이들이 자신 있게 말할 수 있게 되기를 간절히 바란다.

공부란 자기의 사사로운 욕심을 누르고 자신을 이겨 내는 것
"세속의 자질구레한 일들로
공부의 의지를 어지럽혀서는 안 된다."

"너는 공부만 잘 하면 돼!"

"공부 말고 다른 건 대충해도 돼!"

'공부'는 자녀와의 관계에서 빠지지 않는 단어다. 이쯤에서 한 번 생각해 볼 일이 있다.

'공부란 무엇인가?'

명문대에 입학시키기 위해, 영재고나 과학고에 보내기 위해 초등학생 때부터 선행 학습하는 것을 공부의 전부로 여기고 있지는 않은가. 아이들이 엄청난 학습량에 허덕이면서 학원에서 학원으로 뺑뺑이 도는 것을 오히려 흐뭇한 표정으로 지켜보고 있지는 않은가.

율곡으로부터 공부에 대한 정의를 재정립해 볼 일이다.《격몽요결》에서 그는 공부, 학습, 독서 등에 관해서 많은 이야기를 했다. 그럴 만도 한 것이 《격몽요결》이란 책 자체가 율곡이 황해도 해주에 있는 한 배움터에서 제자들을 가르칠 때, 제자들이 공부의 방향을 잡지 못하고 허둥대는 것을 보고 쓴 것이기 때문이다. 율곡이 생각하는 공부는 보통 사람이 생각했던 그것과는 달랐다.

"학문을 하는 일은 날마다 생활하고 일하는 사이에 있는 것이다."

한국의 학부모와 학생이 골인 지점이라고 여기는 대학 입학은 대부분의 다른 나라에선 스타트 라인이라고 한다. 그때부터 진정한 공부가 시작된다고 여긴다. 우리는 그렇지 않다. 대학 입학이 공부의 전부다. 그 다음에는 바로 취업 전쟁이 시작된다. 공부라기보다는 취업의 기술, 즉 면접을 잘하고 스펙 쌓는 기술에 익숙해지는 것이다. 한국의 국가 경쟁력이 점점 떨어지는 이유가 여기에 있는 것은 아닐까.

율곡이 말하는 '생활하고 일하는 사이에 하는 것이 공부'라는 말은 공부의 목표가 명문대에 입학하기 위한 좋은 시험 성적만은 아님을 말해 준다. 우리가 일상을 살면서 늘 고민하고 개선하며 발전시켜야 하는 모든 것이 공부의 대상이요, 공부의 목적임을 말한다. 내 눈 앞에 보이는 그 어떤 것으로부터도 배울 수 있다는 율곡의 마음가짐이 엿보이는 대목이다.

율곡은 약간 추상적일 수 있는 공부의 개념에 대한 독자의 갈증을 예측했던 것 같다. 이어서 그는 공부라고 이름 붙일 수 있는 것들을 구체적으로 제시한다.

> "평소에 생활함을 공손히 하고, 하는 일을 정성껏 하고,
> 남과 더불어 생활하기를 성실히 하면 곧 이것에 '학문을 한
> 다'고 이름 붙일 수 있다."

이제 율곡이 말하는 '공부를 하다'에 대해 정리할 수 있다.

첫째, 평소에 생활함을 공손히 함.

둘째, 하는 일을 정성껏 함.

셋째, 남과 더불어 생활하기를 성실히 함.

우리는 착각한다. 공부할 때는 공부하고, 일할 때는 일하고, 생활할 때는 생활해야 한다고. 하지만 율곡의 말은 달랐다. 일하고 생활하는 것, 그 사이에 있는 우리의 태도, 행함 등이 모두 공부의 과정이며 공부 그 자체다. 공부란 일하고 생활하는 것의 이

치를 밝히기 위해 하는 것이다. 일상과 아무런 관계없는 공부란 세상에 없다. 아니 그건 공부가 아니다.

　그렇다면 율곡이 말한 최고의 공부는 무엇일까.

　　"공부란 자기의 사사로운 욕심을 누르고 자신을 이기는
　　것이다."

　그는 일상의 순간마다 자신의 욕심을 누르는 것, 그것을 통해 자신을 이겨 내는 것, 이것이 진정한 공부라고 말한다. 율곡의 말을 통해 나 자신부터 반성해 본다. 아이들에게 율곡이 말하는 공부의 의미를 전달하기 전에 내가 그동안 공부를 잘해 왔는지, 지금 공부를 잘 해내고 있는지 되돌아본다. 부끄럽다. 지금 이 순간에도 나는 내 욕심에 허덕이고 있지 않는가.

　공부의 기초가 잡히지 않는 사람이 있다면
　그건 세상의 자질구레한 일로 자신의 의지를 더럽히고
　있기 때문이다.

　생활 속에서의 공부를 강조한 율곡이었기에 그는 공부를 하기 위한 '태도' 역시 강조한다. 공부하는 사람이 갖춰야 할 주변 정리의 기술에 대해 말하는데 그것은 바로 세상의 온갖 잡스러운 것들에 마음이 휩쓸려서는 안 된다는 것이다.

> "학문을 하는 사람은 반드시 성실한 마음으로 도를 향하여 나아가야 하고, 세속의 자질구레한 일로 자신의 의지를 어지럽게 해서는 안 된다. 그러한 뒤에야 학문을 하는 기초가 잡힌다."

'성실과 믿음이 없으면 공부를 할 수 없다'는 율곡의 말을 흘려들을 수만은 없다. 생각해 보면 공부에서 중요한 건 주변의 자질구레한 것들을 모두 이겨 내고 학문을 익히기 위해 책을 드는 바로 그 순간까지가 아닐까 싶다. 주변의 잡스런 것들을 성실과 믿음으로 통제하는 고단한 과정이, 그저 그런 삶에 대응하는 의지적인 삶을 향해 나아가는 과정, 그것이 바로 공부인 것이다.

내 일상에서 가장 중요한 가치는 무엇인가. 가장 사랑하는 건 무엇인가. 그것들로부터 일어나는 문제를 외면하지 않고, 다른 잡다한 것들에 눈 돌리지 않으며 당당하게 맞서서 이해하려 애쓰고 해결하려 노력하고 있었는가. 바로 그것이 진짜 공부인데 말이다. 우리 자녀에게도 눈을 돌려 보자. 그들은 진짜 공부를 하고 있는가. 부모로서 우리는 그들에게 진짜 공부를 하라고 잘 독려하고 있었는지 말이다.

율곡의 이야기를 통해 '공부가 아닌 배움', '학습이 아닌 학문' 을 알아차리는 능력이 부모에게 있어야 한다는 생각을 하게 되었다. 물론 지금의 시대에 맞는 괜찮은 해결책을 찾는 것은 부모들에게 남겨진 과제임이 틀림없다. 그게 곧 부모들이 노력해야 할 몫이기도 하고.

효도를 통해 배우는 인간관계의 기술
"효도란 자신의 몸가짐을 조심하는 것이다."

첫째는 남자아이인데 이제 중2다. 남들은 '중2병'이다 뭐다 말이 많지만 내 눈에는 여전히 아기 같다. 키도 이미 나보다 훌쩍 커 버렸고 신발 사이즈도 나보다 20~30밀리미터는 더 큰 걸 신지만, 잠잘 때 보면 아직은 그냥 아기다.

이런 마음을 누군가는 집착의 일종이라고 하던데, 글쎄다. 언젠가는 조금 나아지지 않을까. 하여간 여전히 '아이'가 '아기'로 보이다 보니 아이에게 하는 말은 늘 비슷하다.

"차 조심해라."

"야채를 많이 먹어야지?"

부모의 말은 아마 거의 다 비슷할 것이다. 고백하건대 팔순이 훌쩍 지난 아버지도 내게 똑같은 말을 하신다.

"운전 조심해라."

"기름진 음식은 조심해야지?"

자기 새끼는 늘 조심스러운가 보다. 그러니 내 아버지는 나에게, 나는 아들에게 이렇듯 똑같은 레퍼토리를 반복하는 것 아닐까. 이런 마음을 우리 아이들은 알까. 율곡은 말한다. 부모가 자녀를 대하는 것 이상으로 자녀도 부모를 대해야 한다고.

> "일상생활을 하는 사이 잠깐 동안이라도 부모를 잊지 말아야 한다. 그래야 효도한다고 말할 수 있다. 자기의 몸가짐을 조심하지 않고, 예의나 법도도 없이 함부로 말을 하고, 놀면서 세월을 보내는 사람은 모두 부모를 잊은 사람들이다."

효도란 부모에게 좋은 음식을 사 드리는 일이 아니다. 부모에게 해외여행을 보내드리는 것이 아니다.

효도란 자신의 몸가짐을 조심하는 일이다. 몸가짐을 조심한다는 건, 내 몸 자체를 훼손하지 않도록 조심하는 것은 물론이고 행실을 조심해야 함도 포함한다. 세상에 나가 말을 조심하고, 시간을 낭비하지 않으며, 타인에게 이로움을 주려고 노력해야 한다. 그게 효도다.

세상에 나가 예의 없이 함부로 말을 하는 사람은
부모를 잊은 사람이다.

효도를 구닥다리로 여기는 사람이 많다. 딱딱하고 형식적인 의례만을 효도라고 생각한 탓이다. 그러나 효도는 일종의 '관계의 기술'이다. 사회로 나가기 전에 가정에서 기본적인 태도와 마음가짐을 익힐 수 있는 기회가 바로 효도다. 사회생활을 위해 집에서 배우는 선행 학습이라고 해야 할까. 예를 들어 보자.

한 직장인이 있다. 윗사람에게 보고할 때 그저 한 번 말해 보고 '오케이' 사인이 나지 않으면 쉽게 포기하거나 실망한다. 더 나아가 주변 사람들에게 조직에 대한 불평을 하고 다닌다. 과연 이런 사람이 조직에서 성공할 수 있을까. 이런 사람이 많은 조직이 성장할 수 있을까. 그 사람은 사회에서의 성장 경쟁력을 잃을 것이요, 그런 사람들이 많은 조직은 발전을 기대하기 힘들 것이다. 율곡의 말에 귀 기울여 보자.

"부모의 뜻이 세상의 의리에 해롭지만 않다면, 자식은 마땅히 부모의 뜻을 먼저 알아차리고 순종하여 조금이라도 어기지 말아야 할 것이다. 그러나 만일 부모의 뜻이 세상의 의리에 해로운 경우라면, 자기의 기운을 온화하게 하고 낯빛을 즐겁게 하고 음성을 부드럽게 하여 말씀드려야 한다. 그럴 경우, 그 뜻을 반복해서 설명하여 반드시 이해하여 들어주시기를 바라야 한다."

율곡의 말에서 '부모'를 '(직장)상사'로 바꿔서 읽어 보라. 그렇다. 아마 율곡은 지금 이 시대에 태어나 직장을 다닌다고 해도 분명히 출세했을 사람이다. 우수 사원이며 인사 고과도 최상위 점수를 받고 조기 승진하는 것은 물론 큰 성과를 올려 인정받았을 것이다. 실제로 자신이 살던 시대에도 큰 인물이었으니 이미 그의 마음가짐이 사회생활에서 인정받았음은 증명되었다 해도 지나치지 않다.

부모의 뜻이 세상의 이치에 맞지 않을 때에는 부드러운
음성과 온화한 낯빛으로 그것을 바로잡아 반복해서
말한다.

율곡이 지금 이 시대를 사는 직장인이라면 성과뿐 아니라 기
본적인 '근태'도 틀림없이 훌륭했을 것이다. 지각, 조퇴 등은 극
히 드물고 남들보다 일찍 하루를 준비하며 주변 사람에게 힘차
게 인사하는 그런 사람, 퇴근할 때도 성급히 사무실을 나서지 않
고 자신의 책상을 한 번 더 돌아보는 그런 사람 말이다. 그가 한
말에서 이를 추론할 수 있었다.

> "날마다 밝기 전에 일어나서 세수하고 머리 빗고 옷을 입
> 고서 부모의 잠자리에 나아가… (중략) 밖에 나가고 집에 들
> 어올 때는 반드시 절을 하고 말씀 드리고 절한 다음 인사를
> 여쭙고 뵙는다."

아무래도 옛사람의 말이라 율곡이 말하는 효도가 마치 부모
에게 무조건 복종하라는 말처럼 들리는 것은 아쉽다. 물론 아이
스스로 율곡이 생각하는 효도를 할 줄 안다면 고맙지만 그렇게

하지 않는다고 강요하다가 오히려 관계를 해치지 않을까 하는 걱정도 든다. 그럼에도 불구하고 효도에 대한 율곡의 생각은 세상을 살아감에 있어 이로우면 이로웠지 해가 되는 것이 아님은 확실하다.

③ 충무공 이순신 《난중일기》(여해)

충무공 이순신(忠武公 李舜臣, 1545-1598)

조선 중기의 무신이다. 임진왜란 직전에 당시 재상 유성룡의 천거로 전라좌도 수군절도사로 임명되어 임진왜란에서 왜군을 물리치는 데 큰 공을 세웠다. 진중 생활을 친필로 기록한 《난중일기》를 남겼다.

3

"오늘 날씨 어땠니?"로 대화를 시작할 것

충무공 이순신《난중일기》

| **"나를 알기 전에 매일의 변화를 알아챈다."**

몇 년 전의 일이다.

아내가 '중2병'을 조기에 앓고 있는 초등학교 6학년 아들을 보고 이런저런 답답함을 토로했다.

"갑자기 말도 없어지고, 방문을 걸어 잠그고, 하라는 공부는 안하고, 동생이랑 매번 싸우고….'"

하소연을 하더니 농담반 진담반 결론을 이렇게 내려 버렸다.

"쑥과 마늘을 먹여야겠어!"

사람이 되게 만들고 싶다나?

난 대답했다.

"브라보!"

우스개라도 아내에게 용기를 주고 싶었다. 고단한 부모와 아이의 긴장이 엿보이는 장면이다. 이제 중2가 된 아들은 언제 그랬느냐는 듯 예전의 모습으로 돌아왔다. 잘 웃고, 방문도 열어놓고, 자기가 할 말은 하는 그런 듬직한 아들로 말이다. 사람이란 정말 신기하게도 좋은 모습으로 '변화'하려는 방향성을 갖고 있는 것 같다. 주변 환경만 잘 기다려 준다면.

변화에는 나쁜 변화와 좋은 변화가 있다. 부모는 자녀가 좋은 방향으로 변화하기를 바란다. 그래서 별의별 걸 다 시도해 본다. 이야기를 나누고, 맛있는 걸 사 주고, 함께 영화도 보고…. 이렇듯 수많은 처방이 세상 부모의 숫자만큼 존재한다. 그런데 이런 건 어떨까. 아이가 하루하루 날씨의 변화에 민감해지도록 도와주는 것. 세상의 위인 중에는 다른 그 무엇보다도 일상의 변화에 관심을 기울인 분이 많았다.

충무공 이순신이 그랬다. 1545년(인종 1년)에 태어나 1598년(선조 31년)에 사망한, 임진왜란, 옥포대첩, 한산대첩, 명량해전, 노량해전 등을 승리로 이끈 영웅이다. 그는 세상을 관찰할 줄 알았다. 궁극적으로 이는 사람에 대한 관심과 관찰, 그리고 공감의 마음으로 확장됐다.

충무공이 세상을 관찰하는 방법 중의 첫 번째는 매일 자연의 변화를 알아차리고 일기에 쓰는 거였다. 아침에 일어나면 가장 먼저 날씨를 관찰했다. 날씨를 확인하고 느끼는, 느낄 줄 아는, 느끼려고 노력하는 사람이었다. 그는 일생에 걸쳐 일기를 썼는데 시작은 늘 날씨에 관한 언급이었다.

그가 1592년 정월에 썼던 일기의 시작 부분을 모아 본다.

1일 맑음

2일 맑음

3일 맑음

4일 맑음

5일 맑음

6일 맑음

7일 아침에는 맑다가 늦게부터 눈과 비가 종일 번갈아 내렸다.

…

27일 맑음

28일 맑음

29일 맑음

30일 흐렸지만, 비는 오지 않았다.

'한낱 날씨를 알아차리는 게 뭐 그리 대단해?'라고 생각할 수
도 있겠다. 하지만 날씨의 변화는 일상을 가장 크게 좌우한다.
그렇기 때문에 이에 민감하지 않은 것은 바람직하지 못하다. 사
람은 환경에 좌우되기 때문이다. 더위, 추위, 따뜻함, 시원함, 쾌
적함 등.

겨울과 봄에 우리는 미세 먼지로 고통을 받는다. 생각해 보면
우리는 이미 오래 전부터 미세 먼지의 출현에 관심을 가졌어야
했다. 하지만 그렇지 못했다. 그 게으름이 결국 지금의 문제를
일으킨 것이었다.

일상의 변화에 민감해야 하는 건 어른도 마찬가지다. 언젠가
유튜브에서 한 강연을 보게 되었다. 강사는 날씨와 나이를 소재
로 재밌게 이야기를 풀어나갔다. 그는 말했다. 사람이 나이가 들
었다는 증거는 여러 가지인데 그 중의 하나가 날씨에 대한 표현
이 거의 없는 거라고.

"나이가 들수록 표현이 짧아집니다. 날씨를 언급해 봐야
그저 '덥다' 혹은 '춥다'의 두 가지뿐이죠. 거기에 감정까지

64

메말라 버리면 '죽겠다'를 말끝마다 붙이게 됩니다. '더워 죽겠다' 혹은 '추워 죽겠다'라고 말입니다."

공감했다. 나도 한때는 늦겨울의 막바지에 스멀스멀 밀려오는 연한 풀잎 냄새를 통해 봄을 느꼈다. 여름의 끝자락에서 뺨에 와닿는 가을바람에 뿌듯함을 느끼기도 했었다. 그런데 지금은? 글쎄, 오직 덥고 오직 춥다. 더워 죽겠고 추워 죽겠다. 이외에는 날씨에 대한 별다른 표현을 사용하지 않고 있다. '바쁜데 무슨 날씨? 비나 오지 마라.' 정도가 날씨에 대한 내 생각일 뿐이었다. 아빠인 내가 이럴 진데 아이들은 과연 어떨까?

그깟 날씨의 변화를 알고 모르는 게 뭐가 그리 중요하냐고 의문을 가질 수도 있겠다. 하지만 나는 생각한다. 날씨의 변화를 아는 사람은 변화할 줄 아는 사람이고, 날씨의 변화를 모르는 사람은 변화하기 힘든 사람이라고. 날씨는 분명히 사람의 몸과 마음 그리고 사고에 영향을 미친다. 열대 지방에 있는 사람들의 생각이 저 북반구 끝에 있는 사람들의 생각과 다를 수밖에 없는 이유다. 날씨, 환경에 관심이 없다면 그건 사람으로서 존재 기반을 모른 체 하는 것과 같다.

충무공을 혹시 전쟁 영웅 혹은 싸움꾼으로만 생각하는가. 솔직히 말해, 과거에 내가 그랬다. 충무공 하면 고작 긴 칼과 노량해전, 원균의 모함 정도만이 머리에 떠올랐으니까. 하지만 그는 세심하고 민감하며 감수성 충만한 사람이었다. 그런 그였기에 날씨를 알고, 사람을 알았으며, 변화할 때 변화할 줄 알고, 상대방의 변화를 민감하게 알아차리고 대응하는 것이 어렵지 않았을 테다. 비약일지 모르지만 그런 것들이 모이고 모여 충무공의 승전(勝戰) 비결로 승화되었을 것이라고 본다.

자연의 변화에 민감한 사람은
인간관계의 변화에도 세심하다.

자연의 변화를 미세하게 깨달을 줄 아는 사람은 사회의 변화에도 민감할 수 있으리라 믿는다. 날씨에 민감한 사람이라면 자기가 속한 사회나 모임에 가서도 그곳 특유의 분위기를 잘 읽어내며 적응에도 어려움을 겪지 않는다. '날씨의 변화는 도무지 종잡을 수 없는 어리석은 자들의 말과 같다.'는 외국 속담이 있다. 날씨의 변화에 민감하고, 그것을 잘 받아들이는 사람이라면 관계 속에서 '종잡을 수 없는 어리석은 사람들'과도 잘 어울릴 수 있지 않을까.

이제 우리 아이들에게로 눈을 돌려보자. 아이들이 오늘 하루의 날씨가 어제와 어떻게 달라졌는지, 내일은 어떻게 다를지에 대해 느끼고 생각하는 감수성을 갖도록 도와주는 건 어떨까. 학교를 마치고 학원 뺑뺑이를 도느라 힘든 아이들에게 건네는 첫마디가 "오늘 뭐 배웠니?"가 아니라 "오늘 날씨 어땠니?"라면, 아이와 나를 위한 현명한 대화를 시작하기에 부족함이 없을 것이다.

효도란 자녀로서 자신의 몸과 마음을 건강하게 보존하는 것
"나를 다지는 이유는 다만
위로 늙으신 부모님이 계시기 때문이다."

효도란 무엇일까. 아니 효도 중에서 최고의 효도는 무엇일까. 연로한 부모님을 모시는 것일까? 용돈을 많이 드리는 것일까? 정답부터 말하면 '자신의 몸을 건강하게 잘 보존하는 것'이다.

"충무공은 영웅이다. 그는 나라를 위해 헌신했다. 그의 마음 속 첫 번째 자리를 차지한 건 나라였다."

이 말은 정답일까. 내 생각엔 아니다. 그가 쓴 일기 속에는 나라의 안위를 위한 고뇌가 가득 담겨 있다. 하지만 그의 마음 더 깊숙한 곳에는 늘 부모가 자리해 있었다. 충무공에게는 부모께 효도하는 것이 그 무엇보다도 우선이었다. 자신의 부모에 대한 애틋함이 그의 일기 여기저기에 녹아들어 있음을 확인할 수 있었다. 그가 쓴 1594년 6월 12일의 일기 중 일부다.

"비가 오다 개다 했다. 아침에 흰머리 여남은 올을 뽑았
다. 흰머리를 어찌 꺼리랴만 다만 위로 늙으신 어머님이 계
시기 때문이다."

여기서 두 가지를 알 수 있다.

첫째, 그는 외적인 미를 가꾸는 것에 그다지 관심을 두지 않는다. 실제로 오로지 공무(公務)에 관한 것이 아니면 그가 쓴 일기의 그 어디에도 사적인 얘기를 찾기가 매우 어렵다. '일벌레' 혹은 '일중독'이라는 말이 역사상 가장 잘 어울리는 사람이 있다면 나는 충무공을 1순위로 추천하고 싶을 정도다. 그의 일기 전체가 아예 업무 일지가 아닌가 싶을 정도다.

역사상 최고의 일벌레,

그의 이름은 '이순신'이다.

둘째, 그럼에도 그의 사적인 모습이 가끔 나오긴 한다. 자신의 안위나 쾌락, 명예나 출세에 관한 것이 아니었다. 오직 위로는 어머니, 아래로는 자식들에 관한 것일 뿐이었다. 이순신 하면 우리는 '충무공'이라고 부르며 나라에 충성하는 일인자로 알고 있다. 하지만 그는 충신(忠臣)이기 이전에 효자였다.

《난중일기》를 꼼꼼히 읽어 보면 나라를 생각하는 마음 그 이상으로 자신의 어머님에 대한 생각이 지극하기가 그지없다. 부모를 잊는 것은 원천 없는 개울이고, 뿌리 없는 나무인 것과 같다. 충무공은 자신의 부모, 살아계신 어미님을 잊지 않았다. 연로하신 어머니에 대한 근심이 마음 깊숙이 늘 남아 있음이 그의 일기에 그대로 나타나 있다.

1592년 정월 1일

어머니를 떠나 두 번이나 남쪽에서 설을 쇠니 간절한 회한을 가눌 수 없다.

1595년 정월 1일

촛불을 밝히고 혼자 앉아 나랏일을 생각하니 나도 모르게 눈물이 흐른다. 또 팔순의 병드신 어머니를 생각하며 초조한 마음으로 밤을 새웠다.

1595년 7월 3일

이경에 탐후선이 들어왔는데, '어머니께서 평안하시긴 하나 밥맛이 쓰시다.'고 한다. 매우 걱정이다.

걱정, 걱정 그리고 또 걱정. 물론 이런 걱정들로만 일기가 도배되어 있지는 않다. 일기의 대부분은 업무에 관한 것이다. 사실 어머니에 대한 걱정은 일기 중에서 극히 일부다. 하지만 그 극히 일부에 나타난 어머니에 대한 애틋한 정이 무엇보다도 깊기에 충무공의 효성을 그대로 느낄 수 있다.

내가 건강해야 하는 이유는
나의 부모님이 계시기 때문이다.

살아계신 어머니뿐일까. 이미 돌아가신 아버지에 대한 그리움도 상당하다. 1595년 7월 2일 일기를 보자.

> "오늘은 돌아가신 아버님의 생신이다. 슬픔에 젖어 생각
> 을 떠올리니 나도 모르게 눈물이 흘렀다."

효자 중의 효자인 충무공, 그가 효도에서 가장 중요한 것으로 생각한 것은 무엇이었는가. 살아계신 어머니가 걱정하지 않도록(흰머리를 어머니에게 보이지 않도록 뽑는 충무공의 모습) 나의 몸을 건강하게 보존하고 돌아가신 아버지를 생각하면서 자신을 다시 한 번 되돌아보는 일이었다.

공부를 잘하는 것이 효도가 아니다. 그보다 더 중요한 것은 몸과 마음을 잘 보존하고 그 누구보다도 건강하게 다지려는 의지를 갖는 것이다. 우리의 아이들이 공부에 지쳐 자존감을 잃고 몸의 건강마저 잃고 있는 것이 아닌지 걱정스럽다. 아이들과 건강에 대해서 이야기해 볼 때다.

'어떤 학과를 갈 것이냐'를 섣불리 선택하기 전에….
"개인감정으로 사사로이 행함을 경계한다."

나는 세일즈 분야의 일을 한다. 가끔 그런 생각을 해 본다. 나는 지금 무슨 일을 하고 있는가. 내 일의 본질은 무엇인가. 일을 하면서 늘 고민하고 걱정해야 하는 건 무엇인가. 하지만 이런 생각도 잠시뿐, 그저 나에게 주어진 목표를 문제없이 달성하기 위해 하루하루를 보내다 보면 도대체 시간이 어떻게 가는지도 모르게 한 달, 일 년이 지나간다. 그러면서 내가 하는 일의 본질을 찾는 것은 등한시한다.

하는 일의 근본적인 가치를 알아차리지 못하는 사람은 얼마나 게으른가. 자기의 일에 깊숙이 파고든다는 건 그저 주어진 일을 그때그때 처리하는 것이 아니라, 하는 일이 어떤 의미가 있는지를 탐색하고 알아내는 것이다. 그것이 없다면 '업(業)'이란 늘 피상적인 무엇일 수밖에 없다.

나 같은 범부(凡夫)와는 달리 충무공은 자신이 하는 일이 무엇인지에 대해 늘 고민했다. 일의 본질을 잊지 않으려 했다. 세상의 모든 일들 속에서도 자신이 하는 일이 무엇과 연관되어 있는지에 대해 관심을 놓치지 않으려 끊임없이 노력했다. 무더운 여름날, 충무공의 일기가 그 모습을 보여 준다.

1594년 6월 11일
더위가 쇠라도 녹일 것 같다.

더위가 쇠를 녹일 것 같은 날. 이런 날이라면 세일즈를 하는
내 입장에선 솔직히 만사가 다 귀찮다. 외근? 나가기도 싫다. 시
원한 사무실에 앉아 이메일이나 확인하고 전화로 고객과 소통
하는 것이 마음 편하다. '내 몸이 피곤한데 무슨'이라고 하면서 게
으름을 정당화한다. 충무공은 달랐다. 그는 더위를 자기 몸의 피
로함에만 연결하지 않았다.

1594년 6월 12일
바람이 크게 불었으나 비는 오지 않았다. 가뭄이 너무 심
하여 농사가 더욱 걱정스럽다.

나는 왜 세일즈를 하는가. 무엇이 내 업의 본질인가. 그건 아
마 그토록 많이 말하면서도 정작 중요한 순간엔 잊고 마는 고객
가치일 것이라고 생각된다. 나는 고객을 어떻게 바라보고 있었

던가. 더우면 만사 귀찮기 만한 누군가를 고객이라고 생각하고 있지는 않았던 것일까. 쇠를 녹일 기세의 더위에 자신의 몸보다 농사짓는 사람의 아픈 마음을 헤아리는 충무공의 마음이 너무나 당연하면서도 낯설다.

나는 내가 무슨 일을 하고 있는지,
내 업(業)의 본질이 무엇인지 늘 깨닫고 있었는가?

그는 자신의 업이 무엇인지를 알고 있는 사람이었다. 그 업의 대상이 되는 사람들과 슬픔을 함께할 줄 알았다. 이렇게 기쁨도 함께.

1594년 6월 15일
소나기가 흡족하게 내리니 어찌 하늘이 백성을 가엾게
여긴 것이 아니겠는가.

충무공은 "내가 하늘에 기도를 해서 소나기가 내렸다."라고 말하지 않는다. 오로지 농사짓는 백성의 아픔을 하늘이 알아 준 덕이라고 이야기할 뿐이다. 나 같았으면 일기에 "역시 이 나라를 지키는 내가 늘 고민하고 걱정하니 하늘이 내 뜻을 알아 주어 소나기가 내렸도다."라고 했을 텐데.

사적인 문제가 발생하더라도
그것을 공적인 일에 연관시키지 않는다.

그는 자신의 감정을 사사로이 받아들이는 사람이 아니었다. 아무리 개인적인 문제가 있더라도 자신이 하는 일의 본질로 돌아가는 것에 게으르지 않았다. 어느 날 충무공은 아들이 아프다는 이야기를 듣는다.

1594년 6월 17일
탐후선이 들어왔는데 어머니께서 평안하시다고 한다. 그러나 면은 통증이 심하다고 하니 매우 걱정스럽다.

나라면 바로 누군가를 보내 아들의 병세를 확인하려고 했을 텐데 충무공은 그저 걱정만 하고 넘어갈 뿐 자신의 일로 돌아가는 것을 게을리 하지 않았다. 실제로 아들에 관한 이야기는 그달의 일기에 더 이상 나오지 않는다. 오히려 바로 다음 날의 일기에는 사적인 일에서 벗어나 공적인 일, 즉 자신의 업(業)으로 되돌아가기를 꺼려하지 않았던 그의 모습이 잘 나타난다.

> 1594년 6월 18일
>
> 아침에 원수의 군관 조추가 전령을 가지고 왔다. 그 내용은 "원수가 두치에 이르러 광양 현감이 수군을 옮겨다가 복병으로 정할 때 개인감정으로 처리했다는 말을 들었기에 군관을 보내어 그 연유를 물었다"는 것이었다. 매우 놀라운 일이다. 원수가 서출 처남인 조대항의 말만 듣고 사사로이 행한 것이 이렇게도 심하니 통탄스럽기 비할 데 없다.

'개인감정으로 처리한, 사사로이 행한 것에 대한 통탄함'을 표현한 충무공. 이런 그가 있었기에 백성들이 그나마 마음 편하게 살 수 있었을 것이다. 그는 그저 높은 지위에 올라가려고 노력한 평범한 벼슬아치가 아니었다. 백성이 평안하게 살 수 있도록 기여하는 것을 일의 본질로 삼았다. 그러기에 늘 약자들의 고통에 대한 걱정, 강자들의 어긋남에 대한 분노가 가득했다.

우리의 자녀들을 보면, 하고 싶은 일을 찾지 못해 막막하다고 호소한다. 대부분의 아이들은 자신의 적성과 흥미가 있는 분야를 발견하기도 전에, 하고 싶은 공부보다는 해야만 하는 공부를 강요받고 있다. 그러다 보니 자신이 하고 싶은 것을 제대로 알지 못한 채로 극심한 학업 스트레스를 받고 학업에 대한 부정적 인식만 쌓이는 경우가 많고 또 그만큼 쉽게 포기하려고 한다.

뭔가 잘못된 것 같다. '지금 당장 하고 싶은 것' 혹은 '미래에 해야 할 것'을 강요하기 이전에, 아이들이 세상에 나가 과연 어떤 것으로 아름다운 시간과 공간을 만들 수 있을지에 대해 얘기를 나눠 봐야 하는 것 아닐까. "너는 ~한 것이 되어야 해!"라고 윽박지르기보다 "네가 세상에 나가 기여할 것이 무엇일 것 같니?"라고 질문해 보는 게 진정한 일의 본질을 찾는 첫걸음 아닐까. 충무공이 자신의 일을 바라보는 태도에 대해 함께 대화를 나눠 보면서.

당연히 해야 할 것을 함에 있어 생색을 내지 말 것
"내가 해야 할 것은 게을리하지 않는다."

문제 하나 내 보겠다.

(Q) 1595년 5월 내내 충무공이 자신의 일과 중 가장 자주 반복

한 일은 다음 중 무엇일까?

① 회의 소집 및 운영

② 전투 계획 구상

③ 부하 질책

④ 활쏘기

정답은? ④ 활쏘기였다.

좀 어려운 문제였을 것 같다.

이제 그가 쓴 일기를 보면서 이를 확인해 보자.

3일 활 15순을 쏘았다.

4일 활 15순을 쏘았다.

6일 활 20순을 쏘았다.

9일 활 20순을 쏘았다.

10일 활 20순을 쏘았다.

16일 활 20순을 쏘았다.

17일 활 20순을 쏘았다.

18일 활 10순을 쏘았다.

19일 활 30순을 쏘았다.

22일 활 20순을 쏘았다.

23일 활 15순을 쏘았다.

25일 활 9순을 쏘았다.

27일 활 10순을 쏘았다.

말로만 행하는 리더가 아닌
행동으로 보여 주는 리더가 진짜다.

날마다 '악착같이' 활을 쏘는 충무공의 모습이 이채롭다. 참고로 활을 쏘지 않는 날이 보인다. 그날은 왜 쏘지 않았을까.

1일 바람이 크게 불고 비가 내렸다.

2일 아침에 바람이 몹시 사납게 불었다.

5일 비가 계속 내렸다.

…

그는 리더인 동시에 장수다. 만약 군대에 총을 못 쏘는 장군이 있다면 얼마나 우스운 일인가. 장군이라면 총을 쏘더라도 웬만한 사병보다도 더 잘 쏠 것이라 믿는다. 충무공 역시 그랬을 테다. 내 생각이긴 하지만, 충무공은 활에 관한 한 탁월한 명사수

였을 것이다.

그래도 의문이 든다. 그는 왜 이렇게 활을 매일 규칙적으로, 그것도 숫자를 세어 가면서까지 쏜 것일까. 두 가지를 생각해 본다. 하나는 자신의 본분이 군인이라는 것을 잊지 않았기 때문일 것이다. 지휘자로서 그저 말로만 떠드는 리더가 되기를 거부하고 직접 참여할 줄 아는 모습을 만들어 나갔다고 생각한다. 리더가 이렇게 자신을 다듬고 있다면 부하들 역시 그 모습을 보고 긴장하지 않을까.

지금 우리 아이들이 가장 힘들어하는 일은 무엇인가?
늘 관심을 두고 있는 일은 무엇인가?
그것을 부모인 우리가 잘 알고 있으며, 함께 하고 있는가?

다음으론 현장에 대한 관심 때문일 것이다. 그는 활을 쏜다. 활을 쏘면서 지금의 활이 어떤지, 과연 적과 맞서서 싸울 만한 도구인지, 실제로 적과 마주쳤을 때 전투병들이 어떻게 해야 승리할 수 있을지를 늘 고민하고 궁리하였을 충무공의 마음이 느껴진다. 그는 진짜 군인이었고 진짜 리더였다.

그렇다면 이제 스스로에게 물을 때다. 나는 과연 진짜 아빠이고 진짜 남편인가. 과연 내가 퇴근 후 가장 자주 반복하는 일은 무엇인가. 나는 과연 진짜 회사원이고 진짜 영업 사원인가. 그렇다면 내가 업무 시간 중에 가장 자주 반복하는 일은 무엇인가. 갑자기 부끄러움이 몰려온다. 아빠로서 남편으로서 회사원으로서 영업 사원으로서 그 시간과 공간에 맞춰서 하는 일들이 숨기고 싶은 것으로만 가득하다.

당연히 해야 할 일이 나에겐 있다. 그런데 나는 아빠로서 남편으로서, 회사원으로서 영업 사원으로서 당연히 해야 할 일을 하면서 생색낸 적이 한두 번이 아니었다. 충무공이 너무나 당연하게 자신의 본분을 잊지 않고 묵묵히 활을 쏘았듯이 나 역시 그렇게 생활했어야 했다. 그렇지 못했던 나의 모습을 반성하고 또 반성한다.

2장

자존감 세우기

세상을 보는 큰 눈을 가져라

① 필립 체스터필드 《내 아들아 너는 인생을 이렇게 살아라》(을유문화사)

필립 체스터필드(Philip Chesterfield, 1694-1773)
18세기 영국의 정치가이자 유능한 외교관, 저술가이다. 《아버지의 말》, 《나만의 여유로 성공하라》, 《아버지의 편지》 등 활발한 저술 활동을 펼쳤다.

1

굳이 재미있는 사람이 되려 하지 말 것

필립 체스터필드 《내 아들아 너는 인생을 이렇게 살아라》

> "쾌활한 것만으로 존경을 받은 사람은 이제까지 없었다."

어른이 되어 되돌아보면 '그때 내가 왜 그랬을까?' 하는 일들이 있기 마련이다. 나에게도 그런 일이 있다. 아니 꽤 많다. 특히 '굳이 하지 않아도 되는 말이나 행동을 하여 나의 가치를 깎아내린 짓'들은 아쉬움이 남는다. 나의 가치를 깎아내리는 말과 행동을 왜 그리 아무 생각 없이 했던 것일까.

특히 농담이라면서 내뱉던 허튼소리는 부끄러워 다시 주워 담고 싶다. 내가 있는 장소의 분위기를 띄운다고 그랬을 테다. 사람들이 재미있어 하는 모습을 보고 즐거워했던 것도 사실이다. 잘못된 판단이었다. 그런 행동은 나의 인생에 나쁘게 작용했으면 작용했지 도움을 주지 못한다.

지금에야 고백하지만 사실 나는 내향적인 사람이다. 내향성을 감추기 위해 '나름대로의 생존 기법'으로 그런 방법을 택했다. 지금과 달리 예전에는 '씩씩한', '명랑한', '외향적인' 등의 키워드가 붙은 사람이 모든 관계에서 인정을 받았다. 나는 그렇지 못했다. 얌전했고 조용했으며 예민했다.

성장 과정에서 나는 나에게 영향을 줄 수 있는 사람들로부터 "활발해야지!", "나서야지!" 등의 말을 수없이 들었다. 이것이 잠재의식에 쌓이고 쌓이면서 콤플렉스가 된 것 같다. 그것을 극복(?)하려는 마음이 가벼움으로 드러난 것이다.

하지만 억지로 노력하면서까지 세상에 내보였던 나의 그 경박스러움은 나쁜 영향력을 지닌 부메랑으로 돌아왔다. 인생의 중요한 순간에 타인의 웃음과 호감을 사기 위해 시시덕거리고, 철없는 농담을 하며, 나의 약점을 함부로 세상에 내보이는 치명적 실수를 저질렀다. 짧은 순간 타인의 즐거움을 위해 나의 가치를 훼손했다.

필립 체스터필드(Philip Chesterfield)는 영국 최대의 교양인이며 정치가였다. 케임브리지 대학에서 공부한 후, 젊은 나이에 국회의원에 선출되어 폭넓은 지식과 뛰어난 웅변으로 정계를 주름

잡았다. 계몽 사상가 볼테르, A.포프, J.스위프트 등 작가들과 깊은 교류를 나누었고, '물러나야 할 때 물러난다.'는 신념에 따라 정계를 은퇴한 뒤, 자유와 즐거움을 만끽하며 평안한 여생을 보냈다.

그는 특히 네덜란드 대사로 헤이그에 머무를 때 아들에게 보낸 편지를 엮은 서간집인 《내 아들아 너는 인생을 이렇게 살아라》로 유명하다. 자애로운 아버지가 아들에게 보낸 편지로 최고의 걸작이자 인생론의 명저다. 천만 명 이상의 사람들에게 읽혀 왔다니 그 유명세를 짐작할 만하다. 지금까지도 케임브리지, 옥스퍼드, 이튼 칼리지에서 젊은이들의 인생 교과서로 활용되고 있단다. 그런데 아쉽게도 나는 체스터필드를 지금껏 모르고 살아왔다. '그의 조언을 읽을 기회가 있었더라면 나의 가치를 좀 더 소중하게 여겼을 텐데' 하는 생각을 해 본다. 특히 경박스러움을 함부로 드러내던 내 모습이 아쉽다. 그의 얘기를 들었더라면 그렇게 하지 않았을 텐데. 그는 자신의 아들에게 이런 말을 듣는 사람이 되지 말라고 한다.

"쟤는 재미있게 해 주니까 우리 그룹에 가입시키자."
"저 사람은 농담을 잘하니까 식사에 초대하자."

'쟤'나 '저 사람'이 되어선 안 된다는 말이다. 칭찬이 아니라 비방받고 있는 것임을 깨달아야 한다고 말한다. '바보 취급' 당하고 있는 것이나 마찬가지라고 해석한다. 자신의 가치가 훼손되면서까지 누군가에게 소비되도록 내버려 두는 사람을 '누군가의 재미를 위해 그저 이용당하고 있는 사람'이라고 경고했다.

위엄은 다른 사람의 말을 기분 좋게 듣되
자기의 의견은 겸손하고 명확하게 말하는 데서 온다.

그의 말에 의하면, 나 역시 누군가의 재미를 위해 이용당한 경우가 꽤 많았던 것 같다. 왜 그랬을까. 과거를 되돌릴 수는 없지만 최소한 내 아이들만큼은 절대 나처럼 되지 않길 간절히 바란다. 자신의 가치를 수준 낮은 말이나 행동으로 함부로 훼손하지 않았으면 좋겠다.

내 아이들은 그가 말한 '위엄 있는 태도'를 갖길 소망한다. 위엄이라고 하면 뭔가 답답한 사람을 떠올릴 수도 있다. 실제로 위엄의 뜻은 '존경할 만한 위세가 있어 점잖고 엄숙함. 또는 그런 태도나 기세'다. 하지만 체스터필드가 말하는 위엄은 조금 다르다. '자기 의견은 겸손하고 명확하게 말하며, 다른 사람의 말은

기분 좋게 듣는 것.' 위엄의 개념에 그는 대화법을 연관 지어서
말한다.

말하기의 태도 : 자신의 의견을 겸손하고 정확하게 말함
듣기의 태도 : 타인의 의견을 기분 좋게 들음

위엄은 말과 행동을 하는 당사자가 스스로 인정한다고 생기
는 게 아니다. 위엄이란 내가 상대방에게 강요하는 게 아니라 상
대방이 나를 보고 '존경할 만한 위세가 있어 점잖고 엄숙함'을
느끼는 것이다. 체스터필드는 겸손함과 명확함 그리고 경청의
태도가 있어야 '위엄 있는 듬직한 사람'으로 인정받는다고 말한
다. 그는 반복해서 강조한다.

"쾌활한 것은 좋은 일이지만, 쾌활한 사람으로서 존경을
받은 사람은 이제까지 없었다."

내 성격은 조심스럽고 세심하며 진중하다. 그런데 스스로 이
를 열등한 기질로 여기며 무시했고 오히려 정반대의 모습을 세
상에 보이려 했다. 스몰 토크(Small Talk)에 익숙해야 한다고 생각

하면서 상대방이 침묵할 때 속으로 '더 이상 할 말이 없네? 그래도 아무 말이나 해야지.' 하면서 어쩔 줄 몰라 했다.

쾌활한 것은 좋은 일이지만
쾌활한 사람으로서 존경을 받은 사람은 이제까지 없었다.

쾌활하지 않아도 괜찮다. 자신의 품격은 본래의 특징을 고스란히, 대신 긍정적으로 발전시킬 때 더 높일 수 있다. 헤픈 붙임성, 밑도 끝도 없는 아첨을 사회생활을 잘하기 위해 필요한 덕목이라고 여기는 착각에서 벗어나야 한다. 우리 아이들에게도 말해 줘야 한다. 괜히 바보짓을 할 이유는 없으니까. 누군가를 재밌게 해 줘야 하는 직업인 개그맨을 하려는 게 아니라면 말이다.

보아야 할 것을 볼 줄 안다는 것
"사랑하는 사람을 앞에 두고 어떻게 정신이 흐트러질 수 있겠는가?"

《걸리버 여행기》. 풍자 문학의 대가 조너선 스위프트가 쓴 명작이다. 걸리버의 환상적인 모험담을 통해 당대의 정치 사회와 인간 문명을 통렬하게 비판한다. 작가는 이 작품을 통해 세상 사람들을 즐겁게 해주려는 것이 아니라 화나게 만들려고 했단다. 실제로 1726년에 처음 출판되었을 때부터 인기와 논란이 동시에 불거졌다고 한다. 소설 속에 나오는 공중을 날아다니는 섬 라푸타에 관한 이야기도 그의 날카로운 풍자와 관련이 있다.

걸리버가 라푸타를 방문한다. 라푸타 사람들은 실용성은 무시하고 오직 학문을 위한 학문을 추구한다. 어떤 이는 오이에서 햇빛을 추출하려 하고, 맹인이면서 화가를 위한 물감을 만들려고 한다. 그들은 나라를 발전시키려 하지만 현실성 없는 기술로 오히려 나라를 더욱 황폐하게 한다.

이곳엔 수많은 철학자와 과학자가 살고 있다. 늘 사색에 몰두해 있다. 그런데 사색도 사색 나름이다. 얼마나 깊은 사색에 잠겨 있는지 머리를 기둥에 부딪치기도 하고, 낭떠러지에서 발을 헛디디기도 하며, 길거리에서 누군가와 부딪히기도 한다. 이런 철학자와 과학자를 위한 사람이 따로 존재한다. '주의 환기인'이다. '주의 환기인'이란, 말 그대로 주의를 환기시키는 사람이다. 그들은 자신을 고용한 주인의 발성 기관이나 청각 기관을 직접 건드려 말하고 듣게 한다. 당연히 주인은 '주의 환기인' 없이는 한 발자국도 밖을 돌아다닐 수 없다. 자신의 삶과 직결되지 않는 공허한 논쟁, 예를 들어 지구의 종말 등을 놓고 끊임없이 논쟁을 벌이지만 정작 자신의 불안을 해소하지 못하는 모습이 풍자적이다.

보이는 것에 집중하지 못한다면
그 책임은 자신의 주의력에 있다.

체스터필드에 의하면 '주의 환기인'이 필요한 철학자와 과학자는 그저 우스운 바보일 뿐이다. 그는 말한다.

"보이는 것에 집중할 줄 아는 것이 진정한 주의력이다."

체스터필드는 주의가 산만하다는 것을 머리가 나쁜 것으로 해석하지 않는다. 마음이 딴 곳에 가 있는 것으로 이해한다. 생각해 보라. 그들은 집중할 줄 아는 사람들인가. 어쩌면 그렇다고도 말할 수 있겠다. 자신의 생각에 잠겨 있으니 말이다. 하지만 정작 자신 그리고 자기 주변의 소중한 것들에 주의를 집중하지 못하는 모습은 '주의 집중인'이라기보다는 '주의 산만인'이라고 하는 게 정확하다.

　이런 사람은 자기 일상도 문제이지만, 그 누구도 이런 사람과 함께하고 싶어 하지 않기에 더욱 문제가 된다. 체스터필드 역시 주의 산만, 즉 집중력의 부재는 사회 속에서 누군가와 관계를 맺고 살아가는 사람으로서 당연히 지켜야 하는 예의를 못 지키는 것이라고 비판한다.

　　"부주의한 사람, 주의가 산만한 사람만큼 함께 있어서 불쾌한 사람은 없다고 생각한다. 그것은 상대방을 모욕하는 것과 다름없다. 모욕은 어떤 사람에게 있어서나 용서할 수 없는 일이다. 자기가 존경하고 있는 사람, 사랑하고 있는 사람을 앞에 두고 정신이 흐트러질 수 있겠는가? 그럴 리가 없다."

　앞에 있는 누군가에게 집중하는 태도는 관계의 기본이다. 부모와 자녀 모두가 갖춰야 할 인간관계의 기본 덕목이란 말이다. 이야기하는 도중에 스마트폰을 이리저리 눌러 보는 상대와 함께하고 싶은 사람은 없다. 그건 앞에 있는 사람에 대한 모욕이다. 자신을 돌아보자. 우리는, 우리 자녀들은 눈앞의 누군가에게 주의를 집중할 줄 아는가.

이쯤에서 이런 반론이 있을 수도 있겠다.

"제 눈앞의 누군가는 솔직히 그리 집중할 만한 가치가 없는 사람이라고요!"

이에 대한 대답은 체스터필드의 목소리로 대신하기로 한다.

"요컨대 어떠한 사람이라도 주목할 만한 가치가 있다고 생각되는 사람에 대해서는 정신을 집중할 수 있는 법이다. 그리고 어떠한 경우든 간에 주목할 만한 가치가 없는 상대는 없는 것이다."

누군가를 바라볼 때 마치 아무것도 없는 것처럼 텅 빈 눈을 하고 있다면 그건 바라보는 사람이나 사물에 대한 기본적인 예의를 갖추지 못하는 것과 같다. 누군가의 텅 빈 시선을 받아야 하는 사람이 나 자신이라고 해 보자. 얼마나 비참한가. 체스터필드는 "나에게 마음이 없이 다른 곳에 주의를 기울이는 사람과 있느니 죽은 사람과 함께 있는 편이 낫다."라고까지 말한다.

작은 일을 소홀히 하지 않는 사람이 진정 믿음직한 사람이다. 믿음직한 사람이 되고 싶다면 지금 내 앞에 보이는 것에 집중하는 것부터 충실할 수 있어야 한다. 그것을 하찮다고 생각하는 마음가짐을 버리는 것, 아니 그 하찮은 일조차 주의를 집중하여 관심을 두고 바라볼 줄 아는 마음을 갖는 것, 그 능력이야말로 체스터필드가 권하는 부모와 아이들이 모두 갖춰야 할 덕목이다.

인생에서 피해야 할 사람과 거리 두기
"나의 결점까지도 칭찬하는 사람은 경계한다."

지금 내 곁에 있는 사람들은 대부분 좋은 사람들이다. 하지만 '젊었을 때 좀 더 많은 사람들과, 좀 더 좋은 사람들과 만남을 자주 가졌더라면 어땠을까' 하는 생각을 가끔 한다. 좋은 사람들과 만남의 양(量)을 열심히 늘렸더라면, 그 과정에서 질적(質的)으로도 훌륭한 사람들을 더 많이 발견했을 것이고 지금의 나와는 다른, 발전된 모습으로 성장했을 것 같다.

나는 학창시절 내내 선생님들이 어려웠다. 초등학교나 중학교 그리고 고등학교를 거치면서 선생님에게 먼저 다가가 뭔가를 물어 보거나 도움을 요청하는 것이 어색하고 힘들었다. 선생님들에게 말하는 것이라고는 고작 "선생님, 오늘 몸이 아파서

조퇴해야 할 것 같습니다."라는 자신감 없는 말뿐이었다. 나를 보호해 주고 어려움에 조언해 줄 수 있는 분을 가까이하지 못한 건 내 불찰이다.

대학 입학 때까지야 그렇다고 치자. 대학교는 사회인으로 나가기 위한 진검승부가 펼쳐지는 곳이다. 나에겐 훌륭한 지휘관, 멋진 무기, 그리고 안전한 보호대가 있었다. 그건 교수님들이었다. 그런데 나는 교수님과 별다른 관계를 갖지 못했다. 내 실력으로 들어간 대학교, 내 '평생 간판'이 되어 줄 대학교, 내가 먹고 살 방향의 한복판에 서 있는 대학교임에도 나는 늘 혼자 무엇인가를 처리하려 했다. 수업 시간에 질문 하나 하는 것도 부끄러웠고 교수 연구실로 찾아가서 나에게 필요한 것들을 요구하는 것도 어색했다.

직장도 마찬가지다. 잘나가는 리더가 가까이에 있었다. 그럼에도 나는 그냥 동료나 업무상 관련 있는 사람들과 어울리는 것이 인간관계의 전부였다. 직장에서 성장하기 위해서는 주위에 나를 도와줄 사람이 풍성해야 한다. 나는 그것을 무시했다. 직장 생활을 어떻게 해야 하는지를 말해 주는 사람에게도 '그냥 내 할 일이나 잘하면 되지.'라는 안일함으로 대응했다. 나는 결국 '딱 그 정도만큼의 성장'에 머물러야 했다.

아래를 보지 않는다.

위만을 본다.

체스터필드를 이른 시기에 만났더라면 내 인생 궤적은 더 좋은 방향으로 움직였을 것이다. 그는 사람이 성장하기 위해서는 누군가의 적극적인 도움을 받는 것에 주저해선 안 된다고 강조한다. 이때 적극적인 도움을 줄 수 있는 사람이란 나 자신보다 더 나은 누군가를 일컫는다.

체스터필드는 위를 보라고 말한다. 그가 말하는 위란 어떤 사람일까? 돈이 많은 사람? 유명한 사람? 빌딩 부자? 고위 공무원? 나이 많은 사람? 모두 아니다. 그는 훌륭한 사람이란 다음의 두 가지 특징을 가진 사람이라고 말한다.

첫째, 특정 분야의 학문이나 예술에 뛰어난 사람

둘째, 그것에 대해 모두 훌륭하다고 인정하는 사람

그가 말한 훌륭한 사람은 '내가 갖지 못한 재능, 특징 등을 갖고 있는 사람'이다. 그는 자신과 다른 누군가의 장점을 흡수하라고 말한다. 내가 갖지 못한 것을 갖고 있는 누군가와 가까이, 그

리고 깊이 있게 사귐으로써 자신의 부족함을 메우라는 조언이
다. 가능하면 학문, 그리고 예술 분야에 있는 사람들 중에서 말
이다. 나의 지성과 성품에 폭과 깊이를 더해 줄 수 있는 사람은
누구일까. 아이들 주위에 두고 늘 교제의 끈을 놓지 말아야 할
사람은 누구일가.

체스터필드는 '친하게 지낼 만한 사람'만을 말한 것도 아니다.
그는 교제하는 데에 있어 경계해야 할 사람에 대해서도 언급했다.

> "어떠한 일이 있어도 피해야 할 것은 수준이 낮은 사람과
> 의 교제이다. 인격적으로 수준이 낮고, 덕이 모자라고, 두뇌
> 가 떨어지고, 사회적 위치도 낮으며, 자기 자신은 아무것도
> 내세울 만한 장점이 없으면서 오직 너와 교제하고 있는 것
> 만을 자랑으로 삼고 있는, 그런 사람들이다."

어떠한 일이 있어도 피해야 할 사람이라니, 다소 표현이 과격
하다는 생각도 든다. 게다가 그 피해야 할 사람의 목록도 다소 거
칠다.

"수준 낮은 인격

모자란 덕

부족한 두뇌

낮은 사회적 위치"

　자신의 아들에게 전하고 싶은 솔직한 아빠의 심정, 평범한 아
빠의 모습이라고 생각한다. 아마 자신의 아들에게 하는 말이 아
니었더라면 "인격이 부족하다고 하더라도, 덕이 모자라다고 하
더라도, 지적인 수준이 조금 떨어진다 해도, 별다른 일 없이 평
범한 사람이라고 할지라도 교제의 폭과 깊이를 더해야 한다."라
고 말했을 수도 있겠다. 하지만 자신의 아들이기에 아버지로서
솔직한 마음이 그대로 드러났던 것 같다.

　나와 교제하고 있는 것만을 자랑으로 삼고 있는 사람들,
　그런 사람들은 멀리한다.

　사랑하는 아들을 향한 아버지의 절절한 소망이라고 좋게 받
아들이자. 아마 체스터필드 그 자신이 일생을 거치면서 멀쩡한
사람이 수준 낮은 사람과 교제하기 시작하면서 신용을 잃거나
나락으로 떨어지는 것을 수없이 목격하며, 나름대로 내린 결론

일 것이다. 그 과정에서 사람이란 자신의 발전을 위해 무엇인가 배울 것이 있는 사람과 교제해야 한다는 것을 깨달았으리라.

체스터필드의 충고는 하나 더 있다. 세상에서 가장 경계해야 할 사람에 대한 것이다. 그가 가장 경계한 유형의 사람은 누구였을까. 수준 낮은 인격, 모자란 덕, 부족한 두뇌, 낮은 사회적 위치 등 나쁜 요소를 모두 갖고 있는 사람? 아니다. 사실 인격이 별로인지, 덕이 부족한지를 알아내는 것은 쉽지 않다. 그런 우리에게 체스터필드는 그 모든 것을 한 번에 알아차릴 수 있는 '수준 낮은 사람 감별법(?)'을 이렇게 알려 준다.

"(수준 낮은) 그 사람은 너를 붙잡아 두기 위하여 너의 결점까지 일일이 칭찬할 것이다. 그런 사람하고는 결코 교제해서는 안 된다."

이 문장에서 나는 잠시 탄식했다. '내 결점까지 칭찬했던 사람'에 대한 기억이 머리에 스쳐지나갔다. 내 결점을 결점으로 보지 않고 오히려 결점을 이용하려던 수많은 사람들, 지금 생각하면 덕이 있는 것도, 교양이 있는 것도 아닌 그런 사람들이었다. 맞다. 나는 왜 내 귀에 달콤한 말을 해대는 그런 사람들에게 내 모든 것을 내놓았을까. 아니 더 큰 것을 내놓지 못해서 안달을 부렸을까. 한심하고 부끄러운 일이다.

"최고의 가르침은 아이들을 웃게 만드는 것"이라는 철학자 니체의 말이 기억난다. 하지만 우리 아이들이 진정 자신의 가치를 높일 수 있는 가르침에 웃는 것이 아니라 수준 낮은 인간들의 아첨이나 사탕발림에 웃지 않기를 바란다. 이를 위해 아빠인 나부터 저급한 사람들의 꾐에 현혹당하지 않도록, 그런 어른이 되지 않도록 주의하겠다고 다짐을 해 본다.

멋지게 서고, 멋지게 걷고, 멋지게 앉을 것
"찻잔 속에서 커피가 출렁출렁 춤을 추는 일이 없도록 해라."

요즘 멋을 내기 시작했다. 총각 때도, 연애할 때도, 결혼하고 나서도 도통 패션에 관심이 없던 나였다. 양복이 회사의 기본 근무 복장이던 때에도 멋진 맞춤 슈트보다는 할인 매장에서 70% 세일하는, 내 사이즈와 무관하게 옷이 '펄렁' 거릴 정도로 헐렁한 양복을 실밥이 뽑혀 나오도록 입었다. 명품 매장에서 마음 단단히 먹고 구입한 롱 코트는 십여 년이 지날 때까지 한 번 입어

봤을까 말까다. 그 정도로 나는 외모 가꾸기에 관심 없었다.

그런 내가 지금은 아주 조금씩이라도 달라지려 노력한다. 몇 년 전부터 외모도 하나의 능력이라는 생각이 들었기 때문이다. 거울에 비친 부스스한 모습과 어깨가 맞지 않는 회색 슈트를 보고 '이런 내 모습을 세상에 내보이는 게 과연 옳은가?'라는 생각을 하게 되었다.

마침 그때 재직 중인 회사의 복장이 전면 자율화되었다. CEO부터 넥타이를 매지 않은 세미 캐주얼 복장을 편하게, 하지만 멋지게 소화하는 모습을 보고 충격을 받았다. 그저 그런 내 외모가 걱정되기 시작했다. 회사의 리더들은 캐주얼 복장을 멋지게 소화해 내는데, 오히려 구성원 중 일부는 여전히 헐렁한 바지에 며칠은 입고 다닌 듯한 셔츠를 착용하는 것에 스스로 반성하기 시작했다.

옷에 대한 무관심이 지나치면
40세에 사회에서 밀려나는 자가 되고,
50세에는 남이 싫어하는 자가 될 수 있다.

얼마 전의 일이다. 중학교 1학년인 둘째와 건대입구역 쪽에

점심을 먹으러 갔다. 원래 좋아했던 양꼬치가 먹고 싶기도 했지만 한 영화를 보면서 알게 된 마라롱샤가 궁금한 터였다. 생각보다 양은 적었지만 까서 먹는 재미도 있고 특히 입안 가득히 퍼지는 매운맛이 별미였다.

잘 먹으면 마음도 느긋해진다. 마음이 느긋해지니 주변을 둘러보고 싶었다. 둘째의 손을 잡고 가까운 의류 매장을 찾았다. 재킷 하나가 눈에 들어왔다. 색감이 괜찮았다. 살까 말까? 이럴 땐 젊은 피의 도움을 받아야 한다. 피팅룸에서 재킷을 걸치고 나와선 밖에서 기다리는 둘째에게 어떤지 물어 봤다.

"아빠, 훨씬 젊어 보여요!"

바로 지갑을 열었다. (물론 옷을 봐 준 대가로 둘째에게 후드 티 하나를 사 줘야 했음은 당연하다.) 어쨌거나 평소 같으면 재킷을 사고 그냥 나왔을 텐데 좀 더 둘러보기로 했다. 바지도 하나 살까? 재킷에 맞는 편한 남방은? 그때 둘째가 다가오더니 이렇게 말했다.

"아빠, 이거 옷에 달지 그래요?"

진열대에 있는 '부토니에르(boutonnière)'를 보면서 하는 말이었다. 보통은 '부토니'라고 부르는 양복 옷깃의 단춧구멍에 꽂기 위한 액세서리를 보고 나에게 권했다. 평소 같으면 "야, 그런 걸 어떻게 하고 다니니?"라며 지나쳤을 텐데 그날은 달랐다. 그래,

이왕이면 화려한 것으로 하나 사자!

이튿날 빨간 리본 모양의 부토니에르를 달고 출근했다. 어색하긴 했지만 그 이상으로 마음이 가벼웠다. 칙칙한 재킷을 입을 때와는 또 다른 느낌에 기분이 괜찮았다. 옷 하나만 살짝 달리 입어도 마음가짐이 이렇게 달라질 수 있구나! 생각은 꼬리를 이었다. 게다가 한 젊은 친구의 한마디에 기분이 상쾌해졌다.

"책임님, 완전 예쁜데요?"

세상에, 이 나이에 예쁘다는 말을 듣고 이토록 기분이 좋아지다니! 옷을 입은 나 자신의 마음도 긍정적으로 변하는데 이를 보는 상대방에게 좋은 영향을 주는 건 당연하다. 자신을 지루하고 답답하게 세상에 내보이고 싶다면 어쩔 수 없겠지만(칙칙하게 보이는 것을 검소함 혹은 편함이라고 착각하는 사람이 우리 주변엔 꽤 많다!) 그게 아니라면 자신의 이미지를 보다 적극적이고 긍정적으로 변화시키려 노력하는 게 맞다.

뽐내거나 과시하라는 말이 아니다. 다만 자신의 모습에 신경을 전혀 쓰지 않는 것을 마치 더 중요한 일에 집중하기 때문이라고, 바쁜 생활 속에서 옷 따위에 신경 쓸 여유가 없다고 변명하지는 말았으면 한다. 초라한 자기 모습이 오로지 능력이나 돈, 사회적 지위로 해결 가능하다고 생각하는 무지함에서 벗어날

필요가 있다. 체스터필드의 말이 냉정하지만 꼭 기억해 두어야
한다.

"젊은이는 초라하기보다는 조금 화려하다고 할 정도가
좋다. 화려한 옷차림은 나이 들면 조금씩 수수해지지만 지
나친 무관심은 비참하다. 40세에는 사회에서 밀려나는 자가
되고, 50세에는 남이 싫어하는 자가 되어 버린다."

밀려나기 싫다면, 타인으로부터 혐오받는 사람이 되기 싫다
면, 옷차림 정도는 스스로 살필 줄 아는 게 맞다. 그동안 옷차림
에 대해 지나친 무관심으로만 버텨 왔다면 한 번쯤은 자신의 모
습을 돌아볼 필요가 있다.

아이들도 마찬가지다. 늘 엄마, 아빠가 사 주는 옷만 입는 게 아
니라 자신에게 어울리는, 나름대로의 패션에 신경 쓸 줄 알아야
한다. 그건 어쩌면 인생을 살아가는 데 있어 큰 자산이 될지 모른
다. 인간관계를 맺는 데 있어서 자신의 '매력 자본'을 아낌없이
뿜어내는 건 타인의 마음을 사로잡을 수 있는 기회가 된다.

그래서 나는 이제 중2, 중1이 된 아들에게 옷을 사줄 때 엄마,
아빠와 함께 가서 옷을 고르자고 하지 않는다. 대신 용돈을 주며

"네가 혼자 옷을 고르고 구입하라."고 권한다. 물론 마음에 들지 않는 옷을 사 올 때도 있다. 아이 역시 옷을 잘못 골라 후회한 적도 있다. 그럼에도 자신의 옷 하나쯤은 자신이 고를 수 있어야 한다. 그것 역시 아이에겐 일종의 역량을 기를 기회가 될 테니까.

우아한 동작이
타인의 마음을 사로잡는다.

체스터필드는 "장식이 없는 골조만의 건물이 되지 말라."고 말한다. 그리고 "멋지게 서고 멋지게 걷고 멋지게 앉기"를 권한다. 사람의 마음을 붙잡고 싶다면, 남에게 싫은 인상을 주고 싶지 않다면, 나의 가치를 최소한 있는 그대로의 나 이상으로 인정받길 원한다면, 잘 입고 잘 서며 잘 걷고 잘 앉아 있어야 함을 강조했다.

"극히 사소한 동작의 아름다움이 여성뿐만 아니라 남성의 마음까지 사로잡는 것이다. 그것은 직장에서도 마찬가지다. 우아한 동작이 얼마나 사람의 마음을 사로잡는지 명심할 일이다."

오늘도 나의 모습과 동작을 살핀다. 자녀의 모습과 동작도 살펴본다. 나와 내 아이들이 타인과 좋은 관계를 맺고 매력적인 사람으로 보이기 위해서 필요한 기본적인 노력이다. 품격은 스스로 지켜야 한다. 마찬가지로 아이의 품격은 아이 스스로 지켜나가야 한다. 단지 입는 옷과 걷고 서는 것뿐일까. 세상과의 관계를 잘 맺기 위해선 일상의 기본적인 에티켓도 아름다워야 한다. 커피 한 잔 마실 때조차도.

"커피 한 잔을 마실 때도 찻잔을 잘못 들어 찻잔 속에서
커피가 출렁출렁 춤을 추는 일이 없도록 해라."

"먼저 표정을 연마하면 마음도 자연히 연마된다."는 체스터필드의 조언이 그저 그런 평범한 말로 들리지 않는다. 나의 잘못된 과거 모습이 기억 속에 주르륵 스쳐 지나간다. 아쉽고 부끄럽고 안타깝다. 이제 나는 달라질 것이다. 내 아이들에게 체스터필드가 말하는 것을 아낌없이 전달해 줄 테다. 자신의 품격은 결국 자신이 만들어 내는 것이니까.

② 자와할랄 네루 《세계사 편력》 (일빛)

자와할랄 네루(Jawaharlal Nehru, 1889-1964)

인도의 정치가이다. 1930~1933년까지 옥중 생활을 하면서 쓴 편지를 통해 홀로 남겨진 어린 딸에게 역사와 인생을 보는 안목을 키워 주었고, 외동딸 인디라 간디는 훗날 인도의 첫 여성 총리가 되었다.

역사를 움직이는 것은
보통 사람의 몫이라는 것

자와할랄 네루 《세계사 편력》

> "무엇이 옳고 그른가를 분별하는 가장 좋은 방법은
> 대화와 토론이다."

　자와할랄 네루(Jawaharlal Nehru). 인도에서 태어난 네루는 많은 관료와 학자를 배출한 명문 가문 출신으로, 영국 케임브리지 대학에서 공부한 뒤 변호사가 되었다. 그는 마하트마 간디와 함께 인도의 독립을 이끈 독립운동가다. 비폭력 운동을 벌였던 마하트마 간디와는 달리 적극적인 파업과 투쟁적인 독립 운동을 이끌었다.

　그가 쓴 《세계사 편력》은 1930년 10월 26일부터 1933년 9월

8일까지 약 3년간 옥중 생활을 하면서 외동딸에게 쓴 196회의 편지글을 엮은 것이다.

편지의 시작은 훗날 인도의 여성 총리가 된 인디라 간디의 열세 번째 생일에 보내는 축하 메시지다. 참고로 네루만이 아니라 딸의 엄마이자 네루의 아내인 카말라(Kamala Nehru) 역시 인도 해방 운동에 헌신하다 투옥된 상황이었다. 어린 딸을 홀로 둔 아빠의 마음이 얼마나 답답했을까. 아이들의 생일이 다가오면 내 생일이 다가오는 것보다 더 가슴이 두근거리는데 아무것도 해 줄 수 없는 아빠 네루의 모습이 가슴 아프다.

"해마다 생일이 돌아오면 너는 으레 선물이나 축복을 받기 마련이었지. 축복이라면 지금 당장이라도 얼마든지 해 줄 수 있단다. 하지만 형무소에서 내가 무슨 선물을 해 줄 수 있겠느냐."

네루는 아무것도 못해서 미안하다고 말하지 않는다. 물질적인 선물을 손에 쥐어 줄 수는 없지만 마음의 양식이 되는 정신적인 선물을 주겠노라고 다짐한다.

"나의 선물은 눈에 보이거나 손으로 만질 수 있는 것이
아니란다. 착한 요정이 네게 줄 수 있는 그런 공기나 정신
이나 영혼으로 된 어떤 것, 형무소의 높은 담도 가로막을 수
없는 그런 것을 줄 수밖에 없겠구나."

네루는 딸이 앞으로 삶을 살아가는데 도움이 될 수 있는 교훈
을 들려주기로 결심한다. 비록 형무소에 갇혀 밖에 홀로 있는 딸
에게 편지로 이야기할 수밖에 없지만 '서로 마주앉아 이야기할
때처럼' 글로 쓰겠다고 생각했다. 대신 그는 일방적인 설교가 되
지 않도록 스스로 경계했다. 맹목적인 훈계가 아닌 서로 이야기
를 나누는 토론이 되길 원했다.

"나는 무엇이 옳고 그른가를 분별하는 가장 좋은 방법은
설교가 아니라 대화하고 토론하는 것이라고 언제나 생각한
다. 서로 토론하는 가운데 때로 사소한 실마리나마 붙잡게
되고 진리는 풀려나가는 것이다."

그렇다면 그가 들려주고 싶은 것은 무엇이었을까? 역사에 관
한 것이었다. 역사 중에서도 인물에 집중했다. 하지만 그는 대단

한 인물에만 초점을 맞추지 않았다. 진정 위대한 사람이란 평범한 사람이 결정적인 시기를 맞아 변화한 것이라고 생각했기 때문이다.

"보통 사람이 늘 영웅으로만 살 수는 없다. 그들은 날마다 빵과 버터, 자식들 뒷바라지 또는 먹고 살아갈 걱정 등 여러 가지 문제에 사로잡혀 있기 때문이다. 그러나 때가 무르익어 사람들이 커다란 목표를 세우고 거기에 확신을 갖게 되면 아무리 단순하고 평범한 사람이라도 영웅이 된다. 그때 역사는 비로소 움직이기 시작하며 커다란 전환기가 찾아온다."

역사는 영웅이 아닌 보통 사람의 것이라는 그의 말은 흥미롭다. 그의 말이 옳다. 무엇인가를 바꿀 힘은 평범한 아빠와 엄마 그리고 우리 자녀들에게 있지 않은가.

영웅도 결국 인간일 뿐이다. 위대한 사람이란 별다른 인류가 아니라 육체에 대해 정신의 승리를 스스로 쟁취해 내는 사람인 것이다. 보통 사람도 필요하다면 그것을 이뤄 낼 수 있다. 지금 모습이 평범하고 남루하다고 해서 역사를 바꿀 힘이 없는 건 아

니다. 영화 속 대사처럼 "우리가 돈이 없지 가오가 없는 건" 아니
지 않는가.

　우리 아이들은 더 좋은 세상을 만들어 갈 미래의 주인공들이
다. 그들이 자신의 가능성을 함부로 무시하지 않고 더 나은 사회
와 국가를 만들어 낼 수 있는 주역임을 깨닫도록 독려해야 한다.
그것이야말로 부모가 자녀에게 가르쳐야 할 최상의 덕목이 아
닐까. 물론 그 과정에서 부모 스스로 역사의 주인공, 변화의 주
인공임을 먼저 알아차리고 있어야 함은 말할 필요도 없을 테다.

교양을 갖추기 위한 마지막 두 관문, 절제와 배려
"자신에 대한 절제와 남에 대한 배려가 없다면
그는 문명인이 아니다."

　가족과의 여행은 늘 즐겁다. 나 역시 가족 여행을 즐긴다. 가
까운 교외일 수도 있지만 몇 년에 한 번쯤은 해외여행도 마다하
지 않는다. 가기 전에는 기분이 들뜬다. 가서도 즐겁다. 그런데
신기하다. 며칠만 지나면 이런 말이 나오니 말이다.

　"집이 최고다!"

집은 되돌아갈 수 있는 곳이다. 세상 밖을 방황해도, 언젠가 돌아갈 집이 있다는 건 우리에게 든든한 버팀목이다. 단지 여행뿐일까. 어떤 이유로든 혼자 집 밖을 나와 있는 경우라면 집이란 내가 돌아갈 수 있는 편안한 안식처로써 안정감을 준다.

'수구초심(首丘初心)'이라는 말이 있다. 여우는 죽을 때 구릉, 즉 제가 살던 굴을 향해 머리를 돌린다는 고사성어로, 죽어서라도 고향(故鄕) 땅에 묻히고 싶어 하는 마음을 의미한다. 아마 고향 땅 자체보다는 고향 땅에서 가족과 함께 보낸 따뜻한 일상을 그리워하기 때문이 아닐까.

가족은 서로에 대한 배려만으로도 행복할 수 있다. 무엇인가를 주고받아야만 하는 것은 아니다. 자녀에 대한 부모의 사랑이야 말할 나위도 없고, 부모에 대한 자녀의 사랑 역시 사회 속의 인간관계와는 질적으로도 양적으로도 다르다.

돌봄과 보살핌으로 구성된 배려가 사라진 세상에서는 건전한 관계를 기대하기 어렵다.

하지만 최근 우리는 집에서, 가족에게서 평화를 느끼지 못하는 경우가 많아졌다. 가족 간의 기본적인 배려를 잊은 탓이다.

114

서로에 대한 배려가 부족해 가정불화가 생기고, 결국 세상 그 어느 곳보다 편안하고 안전해야 할 집이 불안과 괴로움의 장소가 되어 버렸다.

배려란 무엇인가. 다른 사람에 대한 돌봄과 보살핌이다. 우리가 만나는 사람은 모두 도구적인 존재가 아니라 현재에 존재하는 그 자체로 존중받아 마땅할 그 무엇이다. 만약 다른 사람을 사물 대하듯이 조작하고 이용하려 한다면 그 관계는 깨어지고 만다. 일방적인 관계가 될 수밖에 없다.

작은 단위의 관계인 가족조차 배려가 부족하고 인정해 주지 못하다 보니 사회적 관계 역시 마찬가지가 되었다. 나와 다른 경험과 이해관계를 지닌 사람들로 가득한 사회는 점점 각박해져만 간다. 안타까운 일이다. 우리는 서로를 어떻게 대하며 얼마나 배려하고 있을까. 과연 존중이란 단어를, 배려라는 단어를 기억하고 있기는 한 걸까.

결국 존중이 핵심이다. 네루 역시 그렇게 생각했다. 서로를 진심으로 존중해야 한다고, 그래야 사회생활이 정상적으로 이루어질 수 있다고.

"사람들이 같이 살아야만 하는 이상, 그들은 서로를 존중해야만 한다. 그들은 자신의 동료나 이웃에 폐가 될 수 있는 일은 절대로 피해야 한다. 그렇지 않으면 사회생활이 이루어질 수 없기 때문이다."

존중할 줄 아는 건 일종의 능력이다. 아니 재산과도 같다. 존중할 줄 모르는 사람이 누군가의 존중을 받기란 불가능하다. 존중할 수 있다면, 존중하는 방법을 알 수만 있다면 가족 관계, 사회관계를 포함한 세상 모든 관계는 아름다워질 수 있을 테다. 하지만 과연 우리는 서로를 존중하고 있는 걸까. 의문 부호가 머릿속에 떠오른다.

나부터 반성한다. 나는 내 아이들을 존중하는 걸까. 존중이란 단어 자체는 어렵지 않다. 하지만 그 존중을 나보다 약자일 수밖에 없는 아이에게 진심을 다해 보여 주는 건, 배려하는 마음으로 다가서는 건 실제로 만만한 일은 아니다.

누군가를 배려하는 것을, 부끄럽지만 나는 제대로 배워 본 적이 없다. 상대방을 짓밟고 올라서는 경쟁은 배워 왔다. 하지만 솔직히 누군가를 존중하고 배려하는 건 잘 모르겠다. 그저 '내가 잘해 주면 남이 잘해 주겠지.' 라는 막연한 생각만 있었을 뿐이다. 부끄러운 고백이지만.

116

자신에 대한 절제와 타인에 대한 배려가 없는 곳,
그곳에 문화란 없다.

존중과 배려가 사라진 사회 속에 사는 우리는 얼마나 불행한
가. 이런 세상, 과연 우리는 어떻게 누군가를 믿고 살아갈 수 있
을까. 나보다 약한 사람을 돌보며 보살피는 모습을 우리는 언제
부터 잃어버린 것일까. 과연 우리가 제대로 된 문화를 만들며 살
아갈 수 있는 존재인 것일까.

네루의 충고에 귀를 기울여 볼 차례다.

"문화 속에는 분명 자신에 대한 절제와 남에 대한 배려가
있다. 만일 누구든 이러한 자제심과 남에 대한 배려가 없다
면, 당연히 그 사람은 교양 없는 사람이라고 할 수 있겠지."

네루의 이야기를 요약하면 이렇게 정리할 수 있겠다.

'자신에 대한 절제 + 남에 대한 배려 = 교양 있는 사람'

우리는 교양인이 되고 싶어 한다. 하지만 그만큼의 노력을 하
고 있는지는 의문이다. 돈과 명예만 있으면 교양인이라고 착각
하며 사는 사람만 가득하다. 천만의 말씀이다. 감정 과잉 사회를

살아가며 더 난폭하고 거칠어졌다. 교양이란 무엇인가. 학문과 지식 또는 사회생활을 바탕으로 형성되는 품위나 문화에 대한 폭넓은 지식이다.

여기서 주의해야 한다. 학문과 지식은 교양을 위한 필요조건일 뿐이다. 이것을 쌓아 둔 후에 비로소 교양인이 될 자격이 심판대에 오른다. 자신에 대한 절제와 남에 대한 배려가 그것이다. 즉, 지식보다 더 중요한 것은 마음과 태도인 것이다.

교양은 영어로 'Culture'인데 어원은 경작한 땅이라는 의미다. 결국 갈고닦아야 하는 것이 교양이다. 지식은 물론 인격과 품행이 조화를 이루어야 교양인이라 할 수 있다. 혼란한 세상 속 사회적인 쟁점에 대한 충분한 숙고와 객관적이며 합리적인 판단을 통해 상대방을 배려할 줄 알아야 교양인이다.

다각적 사고의 진정한 교양인은 존중받는다. 그들은 말이 아닌 행동을 통해 실천하며 겸손하다. 교양인인 체 남을 무시하는 사람은 결코 교양인이 아니며 더 천박한 사람이다. 남에게 보이기 위한 처세술로 교양을 위장한 사람, 교양화된 지식으로 실체를 감추고 있는 이들도 교양인이 아니다. 우리가 교양을 배우고 진정한 교양인이 되어야 하는 이유는 단지 지적 능력을 향상시키는 데 그치지 않고, 타인과 더불어 공존하며 선하고 조화로운 세상, 깊이 신뢰하고 협력하는 세상을 만들기 위함이다.

교양의 중심에 절제와 배려가 있다. 그렇다면 나 그리고 우리 아이들 역시 자기 주변부터 존중하고 배려하도록 노력해야 한다. 나부터 그리 하고자 한다. 나를 더 절제하는 것을 지금부터 시작하고 싶다. 작은 것 하나라도 누군가를 배려하는 모습을 보이면서 말이다.

멀리서가 아니라 내 아이와의 관계에서 시작할 것이다. 그것이 익숙해지면 사회 속에서 그것들을 적용시키고 싶다. 그런 다음, 내 아이도 절제와 배려를 몸에 담기를 희망하고 또 권할 것이다.

진행되는 혁명 속으로 뛰어들 것
"세계가 요동치며 변화하는 이 시대에 태어났다는 건 축복이다."

'태정태세문단세예성연중인명선광인효현숙경영정순헌철고순' 무슨 생각이 나는가. 조선시대 임금님? 나는 '산토끼' 노래가 생각난다.

"태정태세 문단세 / 예성연중 인명선 / 광인효현 숙경영 / 정-순헌 철고순"

(산-토끼 토끼야 / 어-디를 가느냐 / 깡충깡충 뛰어서 / 어-디를 가느냐)

학창시절, 하여간 외우는 거 하나는 정말 열심이었다. 우리 아이들은 이런 공부는 하지 않겠지? 여전히 하고 있으려나? 우리는 '그들의 역사'에 익숙해졌다. 인구의 0.00001%도 안 되는 사람의 역사를 배워 왔다. 조선 시대 임금 이름을 외우고, 역대 대통령 이름을 순서대로 외워서 시험 답안지에 정답으로 적어야 했다. 과연 그게 옳은 모습이었을까.

나는 나다. 그리고 우리는 우리다. 나와 당신 그리고 우리의 역사는 다르다. 그런데 우리는 그동안 그들의 역사, 임금의 역사, 대통령의 역사를 공부하느라 소중한 암기력을 낭비하고 있었다.

왕? 귀족?

그들은 직함 말고는 가진 것이 아무것도 없는 족속들이다.

네루의 역사관 역시 왕, 임금, 총리의 역사에서 벗어나 있다. 그가 딸에게 가르치고 싶던 역사는 왕관 쓴 임금의 역사가 아니었다. 그가 만약 한국인이었다면 아마 이렇게 주장했을 것이다.

"광개토대왕이 '혼자' 만주 벌판을 정복한 것이 아니다. 세종대왕이 '혼자' 한글을 만든 것도 아니다."

실제로 그가 딸에게 쓴 편지에 이런 취지의 내용이 들어 있다.

"위인이나 국왕, 황제의 자취를 모았다고 해서 바로 역사가 되는 것은 아니다. 만일 그렇다면 국왕이나 황제가 역사의 무대에서 사라지고 있는 지금은 역사도 문을 닫아야 하겠지. 직함 말고는 아무것도 가진 것 없고, 텅 빈 알맹이를 숨기기 위해 요란한 복장으로 위엄을 부리는 것이 왕이나 귀족 같은 족속이다. 불행하게도 우리는 자칫 그 겉치레에 마음의 눈이 팔려 오류를 범하기 쉽다. 왕관을 썼다고 모든 사람이 임금이 되는 것은 아니다."

그의 말은 통쾌하다. 그가 왕이나 귀족을 묘사한 구절, 즉 '직함 말고는 아무것도 가진 것이 없고, 텅 빈 알맹이를 숨기기 위해 요란한 복장으로 위엄을 부리는 족속'이라는 말에 미소가 지어진다. 내 주변에 이런 리더가 있다면 진정으로 믿고 따르고 싶다.

사실 네루는 인도 귀족 가문 출신의 엘리트다. 그런 그가 이렇게 표현했으니 흥미롭다. 아마 사적인 편지였기에, 그리고 그것이 다름 아닌 외동딸에게 알려 주고 싶은 말들이었기에, 좀 더 솔직하고 직설적으로 썼으리라.

역사란 여기저기 흩어진 몇몇 개인을 다루는 것이 아니며, 자신의 일터에서 다양하게 관계를 맺고 있는 인민들이 역사의 주인공이라는 그의 말은 나와 같은 어른에게도 삶의 소중함을 일깨워 준다. 역사에 대한 그의 말을 내 아이에게 들려주고 싶다.

전 세계가 요동치며 변화하는 혁명의 시대에 태어났다는 것은 행복한 일이다.

그의 역사관은 탁월한 측면이 있다. 그는 격변의 시대에 놓인 자신의 처지를 '혼란스러운 상황에 놓인 존재'라고 폄하하지 않는다. 오히려 그것을 기회라고 말한다. '세상이 어지러울 땐 집에나 푹 박혀 있어야 하는 것 아닌가'라고 생각하는 나 같은 소심한 소시민에게 한마디 충고를 하는 것만 같다. 그는 자신의 딸이 격변의 시기를 멋지게 즐기기를 희망한다.

"우리가 각자 위대한 모험에 참여해 인도뿐 아니라 전 세계가 요동치며 변화하는 이 시대에 태어났다는 것은 그 얼마나 행복한 일이냐! 너는 행복한 소녀다. 러시아에 새로운 시대를 연 대혁명이 일어난 그 해에 태어난 너는 지금 우리나라에 혁명이 진행되는 것을 지켜보고 있다. 그리고 곧 너도 그 속으로 뛰어들겠지."

'태평한 사람이 오래 산다.' 혹은 '모르고 사는 게 약이다.'라는 말이 있다. 하지만 그렇다고 해서 늘 같은 강물에만 몸을 담그고 살 수는 없지 않은가. 더 나은 삶을 살기 위해서라도 변화하는 세상에 적극적으로 몸을 담그는 게 맞지 않겠는가.

우리 아이들 역시 마찬가지다. 변화는 또 다른 변화를 예비하기 마련이다. 변화하지 않으면 정체될 수밖에 없다. 내 아이가 변화하는 세상 속에서 멈추어 있기를 바라지 않는다. 딸에게 혁명 속으로 뛰어들라고 은연중 권하는 아빠 네루처럼 말이다. 네루는 세상이 누구 것인지를 잘 아는 인물이었다. 그의 말을 내 아이에게도 들려주고 싶다.

지혜로울 것인가, 미련해질 것인가

"변화가 무섭고 낯선 것이 두려워진다면

무지(無知)하다는 증거다."

나는 공부가 싫었다. 솔직히 말해서 강압적으로 해야 하는 것이 싫었다. 부모님은 나에게 공부하라고 하지 않았다. 하지만 내가 나를 강압하는 게 힘들었다. 스스로 늘 누구보다 앞서야 한다는 부담감을 느끼며 괴로워했다. 거기에 학교 선생님의 폭력까지 더해지면 더더욱 공부하기 싫었다.

대학만 가면 모든 게 해결될 줄 알았다. 그 말은 맞았다. 해결되었다. 내가 관심 있는 것을 공부할 수 있었으니까. 세상을 공부했다. 원하던 경제학과에 입학했으니 재정학, 미시경제학, 거시경제학, 계량경제학 등을 열심히 배우는 것도 흥미로웠지만, 내 흥미가 이끄는 대로 참석했던 세미나, 시와 소설, 사회학과 정치학 등을 공부했던 것도 꽤 괜찮은 추억으로 남아 있다.

그런데 고백할 게 있다. 사실대로 말하면 난 잘난 척을 하고 싶었다. 남보다 모르는 게 있다는 게 싫었다. 뭔가 머리에 지식을 욱여넣고 자랑하고 싶었다. 공부에 대한 철학이 부족했다. 그래서였을까. 얼마 지나지 않아 공부에 대한 열의는 사라졌다. 그것이 직장에 들어와서까지 이어졌다. 직장인이 되어 더욱 열심히 공부했어야 했는데 그런 노력이 부족했다. 아쉽다.

네루가 딸에게 한 얘기를 통해 공부가 왜 필요한지에 대해 알아보자.

"사람은 많이 읽으면 읽을수록 그만큼 많이 생각하게 된다. 더 많이 생각하면 그만큼 현상을 직시하고 그것을 비판할 수 있게 된다. 그것은 가끔 질서에 대한 도전을 낳는다. 무지(無知)는 어느 시대에나 변화를 두려워한다. 무지는 낯선 것을 두려워하고, 아무리 비참한 상태에 있더라도 자기의 습관에 매달리게 한다."

정답이다. 모르면 변할 수 없다. 우리는 말한다. 세상이 변한다고. 세상이 변하는데 우리는 변하지 않으면 어떻게 될까? 그건 퇴보다. 남보다 뒤처지는 일. 무지는 우리를 퇴보의 늪에 머물게 한다. 나는, 아니 내 아이는 절대 그렇게 만들고 싶지 않다.

세상을 받아들이지 못하는 사람,
그는 스스로를 노예로 만들고 있는 것과 같다.

공부를 통해 우리는 세상의 것을 받아들인다. 세상을 받아들이기 위해서는 열린 마음이 전제되어야 한다. 세상을 받아들일 준비가 되어 있지 않는 건 자신만의 성(城)을 쌓고 그 안에서 안온함을 누리겠다는 게으름과 같다. 그런데 우리는 모른다. 성 안에서 우리는 편안하다고 생각하지만 실은 자신을 노예나 죄수로 만들고 있다는 것을.

> "성을 쌓기 좋아하는 것은 위험한 노릇이다. 물론 성벽은
> 외부의 재해를 막고 불의의 침입자를 막아 주기도 한다. 그
> 러나 그것은 우리를 수인(囚人)으로 만들고 노예로 만들어
> 버린다. 우리는 이른바 순수함과 무구함을 자유의 대가로
> 지불하고 지키게 된다. 성벽 가운데서도 특히 무서운 것은,
> 낡은 전통을 그저 오래된 것이라는 이유로 버리기를 주저
> 하거나 새로운 사상을 그저 생소하다는 이유로 받아들이기
> 를 거부하는 우리 마음속에 둘러친 성벽이다."

누군가는 말한다. 산다는 것은 전쟁 같은 것이라고. 전쟁에는 어떠한 수단도 허용된다. 심지어는 불법적인 것이 허용되기도 한다. 법이 정한 테두리 안에서 나를 지키기 위한 최소한의 수단

을 사용해 전쟁에서 이겨야 하는 것은 내 몫이다.

나를 지킬 수 있는 최소한의 수단은 무엇일까.

지혜다. 내가 나를 둘러싼 성 안에 갇혀 있도록 놔두는 것이 아니라 성 밖으로 뛰쳐나가 세상과 마주할 용기를 주는 것이 바로 지혜다. 지혜가 없으면 스스로 노예나 죄인이 된 것과 다름없다. 전쟁을 끝내기 위해서는 상대방을 잘 알아야 한다. 세상을 살아가려면 세상을 잘 알아야 한다. 네루가 말한 바에 따르면 세상을 아는 노력이 바로 공부를 통한 지혜다.

어느 날 문득 변화가 두려워진다면, 두려운 그 무엇에 집중하기 전에 내가 혹시 지혜를 닦으려 노력하지 않고 있지는 않은지 살펴봐야 한다. 만약 아이들이 힘들고 어렵다고 괴로워한다면 무작정 동정부터 하기보다는, 혹시 지혜에 대한 갈망을 뒤로 하고 무지를 향한 게으름에 빠져 있지는 않은지 돌아보게 해 주고 싶다. 미련한 아이가 아닌 지혜로운 아이가 될 수 있도록 있는 힘껏 돕고 싶다. 그게 부모의 의무라고 생각하기 때문에.

③ 장 자크 루소 《에밀》 (한길사)

장 자크 루소(Jean Jacques Rousseau, 1712-1778)
18세기 프랑스의 사상가이자 소설가이다. 인간의 자유와 평등에 주목한 그의 사상은 프랑스 혁명에 큰 영향을 주었다. 《신 엘로이즈》,《사회계약론》,《에밀》등의 저서를 남겼다.

고통은 자유를 얻기 위한 과정이라는 것

장 자크 루소 《에밀》

> **"단 한 번도 다치지 않아서 아픔을 모르고 자란다면**
> **매우 유감스러운 일이다."**

　장 자크 루소(Jean Jacques Rousseau). 프랑스의 계몽사상가로 유명하다.《인간 불평등 기원》을 통해 훗날 마르크스에게 영향을 주었으며,《사회계약론》으로 프랑스 혁명의 사상적 바탕을 제시하기도 했다. 그는 민주주의를 지지했고 시민의 자유를 강조했다. 인간 자연의 상태는 만인의 만인에 대한 투쟁이 아니라, 우정과 조화가 지배하고 있다고 설명하면서 이 자연 상태의 회복을 주장하기도 했다.

　여기까지는 지금까지 알고 있었던 루소에 대한 다소 건조한 지식이다. 솔직히 사회나 윤리 시간에 나와서 어쩔 수 없이 외워야 하는 대상으로서의 루소였을 뿐이다. 그런 내가 그의 책《에밀》을 읽으면서 달라졌다. 그가 궁금했다. 루소가 파격적인 자녀 교육 방법론의 저자로서 나에게 다가왔기 때문이다.

《에밀》은 1762년에 전체 5편으로 출간되었다. 지금은 한 권으로 묶여서 나오는데 900여 페이지에 달한다. 내용은 '에밀'이란 이름의 아이가 출생해서 25년에 걸쳐 받아야 하는 교육에 대한 루소의 생각으로 이루어졌다. 책의 구성은 다음과 같다.

제1부 : 출생에서 5세까지 _ 신체의 자유를 구속하지 않는 양육

제2부 : 5세에서 12세까지 _ 신체와 감관의 훈련

제3부 : 12세에서 15세까지 _ 지능과 기술 교육

제4부 : 15세에서 20세까지 _ 도덕과 종교 교육

제5부 : 20세에서 결혼까지 _ 에밀과 소피의 결혼

유아 교육서, 청소년 교육서는 물론 청년 교육서라고 느껴질 정도로 광범위한 연령대를 포함하고 있다. 목차를 얼핏 보면 아버지로서 루소가 아이들을 굉장히 아끼고 사랑했을 것 같다. 그런데 여기에 반전이 있다. 정작 루소는 자신의 아이들을 모두 고아원에 보냈다. 루소가 열정을 다해 일할 시기였기에 그럴 수밖에 없었다는 말이 있지만 솔직히 이해되지 않는다.

어쨌거나 그가 자녀에 대한 자신의 행동에 대해 훗날 반성하는 마음으로 쓴 책이 바로 《에밀》이다. '반성하는 마음'이라면 책에 자녀들에 대한 미안함이나 연민 등의 내용이 가득해야 할 텐데 흥미롭게도 정작 그런 내용은 찾아보기 힘들다. 오히려 자녀 교육에 있어서의 엄격함으로 책의 대부분이 채워졌다.

'타이거 맘(Tiger Mom)'이란 말이 있다. '호랑이처럼 자녀를 엄격히 관리하는 엄마'를 말한다. 하지만 타이거 맘 이전에 '타이거 파(타이거 파파)'가 있다면 그가 바로 루소가 아니었을까 하는 생각이 든다. 예를 들어 보자. 당신의 자녀가 다섯 살이라고 하자. 아이가 넘어졌다. 아프니까 아이는 운다. 당신이라면 어떻게 할 것인가. 곧바로 달려가지 않을까. "아이고, 우리 아들, 다치지 않았어? 울지 마. 과자 사 줄게."라고 말하면서. 그런데 루소는 달랐다.

"아이가 우는 한, 나는 절대로 다가가지 않을 것이다. 아이가 조용해지면 그때 비로소 달려가리라. 아픔은 이미 주어진 것이다. 그러니 아이는 참을 필요가 있다. 내가 서둘러 다가가면 오히려 아이는 아픔을 더 심하게 느끼게 된다. 나는 적어도 그에게 두 번째 아픔은 없게 할 것이다. 내가 안

절부절못하며 달려가 자기를 안고 불쌍히 여기면 그는 자기가 많이 다쳤다고 판단하며 공포에 빠지고 만다. 내가 냉정함을 잃지 않으면 아이도 곧 냉정함을 되찾을 것이고, 아픔이 더 이상 느껴지지 않을 때에는 이제 치유되었다고 생각할 것이다."

아이가 울고 있다.
아이가 울음을 그칠 때까지 다가서지 말라.

루소의 말은 서늘할 정도로 냉정하다. 아이가 스스로 판단해 냉정함을 찾고 아픔을 느끼지 않을 때까지 절대 먼저 안아 주고 달래서는 안 된다는 루소의 말, 어떻게 생각하는가. 냉정한 아빠의 면모가 엿보이면서도 아이를 향한 '아빠다운 다룸'의 방식이 독특하게 여겨진다. 그는 계속해서 강조한다. 그런 부모의 모습이 아이를 향해 보여 줘야 할 진정한 부모의 용기라고. 부모의 이런 용기를 통해 아이 역시 제대로 된 용기를 배우고 고통을 참아 내는 방법을 습득할 수 있다고 말이다.

"아이가 처음으로 용기에 대해 배우며, 가벼운 고통을 겁

내지 않고 참음으로써 단계적으로 더 큰 고통을 참는 법을 배우는 것은 바로 그 시기이다."

'고통 → 용기'로 이어지는 선순환에 부모가 끼어들면 곤란하다는 루소의 말은 뭔가 큰 화두를 던지는 것만 같다. 과연 나는 아이의 고통에 끼어들지 않고 참아 낼 수 있을까. 솔직히 자신 없다. 하지만 루소는 생각이 달랐다. 고통을 '없으면 없을수록 좋은 그 무엇'이라며 배척하기만 하지 않았다. 고통의 부재는 배워야 할 것을 배우지 못하는 이유가 될 수도 있다고 강조했다.

가벼운 고통에 겁을 내지 않고 더 큰 고통을 참아 내는 과정에서 아이는 용기를 배워 나간다.

"나는 에밀이 단 한 번도 다치지 않아서 아픔을 모르고 자란다면 매우 유감스러울 것이다. 고통, 그것이 그가 가장 먼저 배워야 하며 가장 알아야 할 필요가 있는 것이다."

에밀은 고통을 자유를 얻기 위한 과정이라고까지 보기도 했다.

"자유가 주는 즐거움은 많은 상처를 가져온다. 에밀은 자주 타박상을 입을 것이다. 반면 그는 언제나 즐거울 것이다. 타박상을 덜 입을지 모르는 학생은 저지받고 속박받으며 즐겁지 못한 상태에서 우울하게 지낼 것이 틀림없다. 나는 그런 아이에게 무슨 이득이 있을지 의심스럽다."

아이는 진화하고 또 진보한다. 고통을 대하는 방식은 부모가 아이에게 가르쳐야 할 것 중 하나다. 그런데 과연 부모는 아이를 어떻게 대하고 있었던 것일까. 무조건 보호만이 최선이라고 생각하며 키우고 있지 않았을까. 에밀의 생각이 지나치다고 여기는 사람도 있을 것이다. 반대로 그의 의견에 고개를 끄덕이는 부모도 있을 테다. 결국 적용은 부모 각자의 몫이다. 그 무엇을 선택하든지.

행복 중의 행복은 권력이 아니라 자유에서 찾는 것
"자신의 의지를 행동으로 옮길 때 타인의 힘을 필요로 하지 않는다면 그가 바로 자유로운 사람이다."

자유(自由)란 무엇일까? 외부적인 구속이나 무엇에 얽매이지 않고 자기 마음대로 할 수 있는 상태? 법률의 범위 안에서 남에게 구속되지 않고 자기 마음대로 하는 행위? 자연 및 사회의 객관적 필연성을 인식하고 이것을 활용하는 일? 사전을 찾아봤지만 여전히 그 개념이 모호하다.

아버지로서 나는 아이들에게 자유를 가르칠 준비가 된 걸까. 나는 부모가 아이들이 관심을 가진 이슈에 대해서만 이야기하는 건 일종의 직무유기라고 생각한다. 아이가 좋아하는 것, 예를 들어 힙합, 게임, 놀이, 스포츠, 영화 등이 부모와 자녀가 할 수 있는 몇 안 되는 대화의 주제라면 그 수준은 한계가 있다. 부모가 자녀의 진정한 성장을 바란다면 어른이 관심을 갖고 있는 이슈에 대해서도 함께 이야기를 나눌 줄 알아야 한다.

아이들은 예상외로 현명하며, 예상외로 똑똑하다. 세상의 중요한 가치들, 예를 들면 자유, 평등, 공평, 효율 등에 대해서도 자기 나름대로의 개념을 갖고 있다. 그것을 부모들이 지금까지 찾아내지 못했을 뿐이다. 아니 무시하고 있었다. 세상의 소중한 가치를 주제로 적극적으로 부모가 나서서 함께 대화를 시도하는 게 맞다. 늘 그렇고 그런 수준의 소재로만 아이들과 대화할 수 있다고 생각하는 건 어리석다.

다시 자유로 돌아가 보자. 부모로서 아이와 인생의 중요한 가치에 대해 이야기를 나눌 줄 안다면 자유 같은 개념 등은 그 무엇보다도 먼저 다뤄야 하는 이슈다. 이외에도 여러 가지가 있으나 여기서는 우선 자유라는 개념에 대해 아이들과 생각을 나누는 것을 이야기해 보자. 이야기를 나누려면 먼저 나 자신의 생각, 부모의 생각이 대략적으로 정리되어 있어야 한다. 솔직히 나는 자유에 대해 다음과 같은 정도밖에 모르고 있었다.

내 마음대로 하는 것

혼자 알아서 하는 것

아무도 건드리지 않는 상태

교과서에서 배운 자유, 아니면 그저 살면서 느꼈던 피상적인 자유에 대해서만 이야기할 수 있었다. 진지하게 누군가와 자유의 개념에 대해 말한 기억이 없다. '자유란 우리가 우리 자신 위에 세운 하나의 왕국'이라는 말도 있는데, 과연 나는 나 자신 위에 무엇을 세우고 살아왔는지 부끄럽다. 사회를 살아가는데 있어 기본적인 가치인 자유에 대해서 이 정도밖에 모른다니 어른으로서 창피하다.

괜찮다. 모르면 배우면 된다. 그래서 루소의 생각을 들어보기로 했다. 그는 말한다. 자유란 '누군가의 마음에 들기 위해 행동하지 않아도 되는 힘'이라고.

"당신의 자유와 능력은 타고난 힘의 범위 안에서 신장될 뿐 그 이상은 넘지 못한다. 그들을 당신 마음대로 끌어가기 위해서는 당신도 그들의 마음에 들게 행동하지 않으면 안 된다. 그들은 사고방식만 바꾸면 되지만, 당신은 억지로라도 행동 방식을 바꾸지 않으면 안 된다."

내 행동 방식을 억지로라도 바꿔야 하는 상황, 생각만 해도 답답하다. 사실 고단한 돈벌이를 어디선가, 매일 하고 있는 우리 부모들이 늘 마주하는 상황과 다를 바 없다. 그렇다. 자유와 멀어진 상태에서 우리는 살고 있다. 물론 돈벌이를 위해 하는 일이니 어느 정도의 제한은 당연하다. 우리는 시간과 능력을 누군가에게 주고 그 대가로 먹고 살고 있으니 말이다.

하지만 부모라면 내 아이들만큼은 좀 더 자유롭기를 원한다. 최소한 자유가 뭔지 정도는 알았으면 좋겠다. 누군가에게 일방적으로 휘둘리면서 살지 않았으면 하는 마음이 있다. 자유를 스스로 뭉개고 사는 아이들이 되기를 원치 않는다. 이왕이면 아이들이 자신의 의지를 행동으로 옮길 때 누군가의 힘을 늘 빌려야 하는 사람이 되지 않았으면 좋겠다. 루소의 생각처럼.

"자신의 의지대로 행동하는 유일한 사람이 있다면, 그 의
지를 행동으로 옮길 때 자신의 힘 외에 타인의 힘을 필요로
하지 않는 사람이 바로 그 사람이다. 그것에서 모든 행복 중
최고의 행복은 권력이 아니라 자유라는 결론이 나온다."

나의 의지를 행동으로 옮길 때 타인의 힘을 필요로 하지
않는 자, 그가 곧 자유를 누리는 사람이다.

행복 중의 행복, 최고의 행복은 무엇인가. 권력의 소유인가.
아니다. 자유의 향유다. 나이 들면서 욕심을 버리는 방법을 배우
는 내게도 큰 울림으로 다가오는 명제다. 나를 반성한다.
　왜 나는 나를 돌보지 못했을까. 나의 자유를 왜 누군가에게 흔
쾌히 박탈당하고만 있었던가. 왜 그런 사람들에게 당당히 대항
하여 싸우지 못했던가. 이에 대해 루소는 이렇게 말한다. 오직
나의 잘못만은 아니라고.

"사회는, 인간이 자신의 힘에 대해 가진 권리를 빼앗을
뿐 아니라 그 힘을 불충분하게 만들어 인간을 더 약하게 만
들었다."

모든 행복 중 최고의 행복은

권력이 아니라 자유다.

　물론 이게 다 나라 탓, 사회 탓, 가족 탓이라고 주장하라는 말
은 아닐 게다. 방종까지 무차별적으로 허용하라는 말도 아니다.
다만 우리가 잊고 있었던, 어쩌면 잊어야만 살 수 있었던 모습에
서 벗어나 자유의 가치를 다시 한 번 되새길 필요가 있다는 점을
언급하고 있다. 자유가 있어야 사회도 있다. 자유가 있어야 조국
도 있는 것이다. 자유가 없이 세상은 없다.

　오늘 아이들과 자유에 관한 이야기를 나눠 보자. 아빠가 생각
하는 자유의 개념을 먼저 말하고, 아이가 생각하는 자유의 개념
을 잘 들어 보자. 루소의 말을 들려주며 우리와 자녀가 함께 누
려야 할 이 세상 속에서의 구체적인 자유를 이야기해 보자. 초등
학교 3학년 이상이라면 충분히 이런 논의를 할 준비가 되어 있
다. 더 나아가 우리 인생에 있어 소중한 것이 무엇인지를 확인
하고 그것에 대해서도 이야기할 수 있으면 좋겠다. 우애, 사랑,
연민, 공감, 평등 등 살아가는 데 있어 소중한 인생의 가치에 대
해서.

장 자크 루소 《에밀》　　　　　　　　　　　　　　　　　139

> 아이를 불행하게 만드는 가장 확실한 방법은 아이가 원하는
> 모든 것을 손에 넣게 하는 것
> "아이가 자기 방의 창문을 반복해서 깬다면
> 창 없는 어두운 방에 아이를 가둔다."

아이를 행복하게 만드는 방법은 무엇일까. 맛있는 거 사 주기? 최신형 스마트폰 선물하기? 풍족한 용돈 주기? 글쎄, 수천수만 가지의 방법이 있을 것 같다. 사람에 따라, 환경에 따라.

그렇다면 아이를 불행하게 만드는 가장 쉬운 방법이 무엇인지 아는가? 신기하다. 우리가 방금 말한 것들이 바로 자녀를 불행하게 만드는 방법이니 말이다. 루소의 말을 들어보자.

"아이를 불행하게 만드는 가장 확실한 방법이 무엇인지
알고 있는가? 모든 것을 손에 넣는 버릇을 들이는 것이다.
왜냐하면 쉽게 만족시켜 주니 요구는 끊임없이 커 갈 테고,
조만간 당신은 힘이 부쳐서 거절하지 않을 수 없을 터인데,
아이에게 전혀 익숙지 않은 그 거절은, 원하는 것을 갖지 못
해서 느끼는 고통보다 더 큰 고통을 그에게 안겨 줄 것이기
때문이다."

140

루소의 이야기는 읽으면서 자꾸 '헉!'하게 만드는 무엇인가가 있다. 용돈을 줄 때, 장난감을 선물할 때, 스마트폰을 손에 쥐어 줬을 때 아이의 입가에 번지는 미소를 보며 '아이를 행복하게 해준 아빠'라고 자부했던 것, 이제 보니 모두 착각이었다. 루소의 말처럼 원하기만 하면 손에 쥘 수 있는 아이의 버릇은 결국 부모가 만든 잘못된 유산(遺産)이다.

그 버릇은 결국 점점 더 커져서 아이에게 통제할 수 없는 욕구를 자리 잡게 만든다. 결국 아이가 쉽게 얻기 힘든 불가능한 것들에 집착하게 한다. 결국 아이는 어디를 가도 반대와 장애와 고통과 힘든 상황만 만나게 되는 원인이 된다. 아이의 행복을 위해서 한 행동이 반대로 아이를 불행하게 만드는 가장 쉬운(?) 방법이었다니 섬뜩하다.

아이가 원하는 모든 것을 쉽게 얻게 하라.
아이는 확실히 불행해지리라.

사실 아빠로서, 아버지로서 아이들이 물질적인 것들에 집착하지 않고 살기를 바랐다. 이는 단지 나만의 생각은 아닐 것이다. 아이가 "아빠, 이거 먹고 싶어. 배고파요.", "아빠, 저도 갖고 싶어요. 이왕이면 친구가 갖고 있는 것 말고 더 좋은 걸로요."라고 말할 때 "안 돼!"라고 말하기란 쉽지 않다. 오히려 남보다 더 좋은 것, 더 비싼 것, 더 많은 것을 사 주고 싶다. 그리고 실제로 그렇게 한다. 아이의 환한 웃음이 보고 싶어서라도.

루소는 이를 경계한다. 그건 아이를 불행하게 만드는 지름길이라고 말한다. 그동안 나는 아이를 불행하게 하고 있었다. 일종의 마약이나 환각제 같은 것을 아이에게 주고 있었던 셈이다. 내가 아이에게 무엇인가를 사줬을 때 아이가 느끼는 쾌감은 과연 얼마나 갔을까. 어쩌면 그 기쁨은 곧 더 큰 기쁨을 원하게 되기에 새로운 무엇인가를 얻기 전까지 아이는 나름대로의 불행에 처해 있었을지도 모르겠다.

이렇게 말하는 루소는 자녀 교육에 대해서도 철저하게 자신만의 생각이 있다. 특히 문제 상황에서 아이를 대하는 방법은 충격적일 정도다. 《에밀》에서 루소가 말한 자녀 교육 3단계를 확인해 보길 바란다. 루소는 성미가 까다로운 아이가 자기 방의 창문을 깬 상황을 예로 들면서 다음 같은 단계로 아이를 대해야 한다고 말한다.

우선 1단계다.

"그가 자기 방 창문을 깬다 치자. 그가 감기나 들지 않을까 걱정하지 말고 바람이 들어오도록 내버려 둬라. 왜냐하면 그가 바보가 되는 것보다는 감기 드는 편이 더 낫기 때문이다. 그가 당신에게 끼치는 불편에 대해 절대로 나무라지 말라. 그 불편은 그가 먼저 느끼도록 하라. 그러다 끝에 아무 말도 하지 말고 창문 유리를 끼워 준다."

아이가 잘못했을 때 불편을 느껴야 하는 건
부모가 아니라 아이 자신이다.

아이가 자신의 창문을 깼을 때 즉시 창문을 갈지 말라고, 깨진 창문으로 인해 맞게 될 불편을 충분히 느껴야 한다고 루소는 주장한다. '바보가 되는 것보다 감기 드는 편이 낫다'는 그의 말이 과격하긴 하지만 일단 이해하기로 한다. 물론 루소도 언젠가는 다시 창문을 갈아 주는 게 옳다고 한다. 하지만 그 아이가 다시 창문을 깼다면? 이제 2단계다.

"아이에게 다음과 같이 냉정하게 말하되 화는 내지 말라. '창문은 내 것이다. 내가 정성 들여 끼워 넣었다. 그러니 이제 내가 보호해야겠다.' 그러고는 창 없는 어두운 방에 아이를 가두어라. 그는 울며 소란을 피울 것이다. 아무도 들은 체하지 말라. 아이는 몇 시간 동안 더 생각해 보며 지루한 시간을 보낸다."

아이를 창문도 없는 어두운 방에 가두라니! '이렇게까지 하는 게 맞나?'라는 생각이 든다. 물론 평생 거기에 가둬 두라는 말은 아니었다. 그렇다고 무작정 꺼내 주라는 건 더더욱 아니었다. 솔직히 나는 이렇게까지는 못할 것 같다. 나의 양심이 문제가 아니라 법적으로 처벌받을 것 같다는 생각도 든다. 불편하긴 하지만 루소의 말을 끝까지 들어보자. 루소가 생각하는 자녀 교육의 마지막 단계다.

"누군가를 시켜 아이로 하여금 당신에게 합의를 제안해 보라고 넌지시 말해 준다. 당신이 그에게 자유를 주면 아이가 더 이상 창문을 깨지 않을 조건으로 말이다. 아이는 당신에게 와 줄 것을 간청할 것이고 더 많은 것을 요구하지도 않을 것이다. 그때 당신은 이렇게 말하면서 제안을 받아들여라. '잘 생각했다 우리 둘 모두에게 좋은 일이다. 더 일찍 그

렇게 좋은 생각을 했더라면 더 좋았을 텐데!' 그러고 나서
당신은 아이의 약속에 대해 확언도 공언도 하지 말고 그를
껴안아 줘라."

사실 우리 아이들에게 적용하기는 어렵다는 생각이 든다. 하지
만 루소의 생각을 읽으며 과연 내가 그동안 아이들을 어떻게 대
하고 있었는지 다시 한 번 생각하게 되었다는 것만은 확실하다.

무작정의 통제나 무작정의 돌봄이 아닌, 세상 속으로 나아갈
아이의 인생 전반을 고려하여 자녀를 다루는 루소의 큰 그림!
어느 정도 참고해 볼 만하다. 다만 부모로서 내 모습부터 점검
해야 하겠다는 생각을 해 본다. 나 자신은 엉망인 채로 아이들을
루소가 말하는 3단계 방법으로 대하려 하다가는 이상한 아빠로
몰리기 쉬우니 말이다.

스무 살까지 신체에 필요한 정숙함을 잃지 말 것
"모든 배려 중에서 첫 번째 배려는 자기 자신에 대한 배려다."

예전에는 집집마다 가훈 하나 정도는 어딘가에 붙여 놓았다.

하지만 이젠 그런 집을 찾아보기 힘들다. 가훈대로 살기가 힘들어서일까, 아니면 가훈 자체를 생각조차 하기 싫은 걸까. 냉장고에는 각종 배달 관련 전화번호를 누더기처럼 붙여놓고 있는데 뭔가 좀 허접스럽다. 멋진 말 하나라도 붙여놓아야겠다.

괜찮은 시 한 편이 있다. 출력해서 잘 보이는 곳에 붙여 두고 가끔 쳐다보기를 권한다. 로버트 헤릭(Robert Herrick)의 '소녀들에게 주는 충고(Counsel To Girls)'라는 시다. 몇 개의 연으로 구성된 시로, 아름답고 정열적이다. 여기에선 그 첫 문단만 살펴보자.

Gather ye rose-buds while ye may,

Old time is still a-flying:

And this same flower that smiles today,

Tomorrow will be dying.

너희들이 할 수 있는 지금, 장미 봉오리를 모아라.

지난 시간은 지금도 무작정 흘러가고 있으니.

오늘 미소 짓고 있는 이 꽃도

내일이면 죽으리라.

"힘이 있을 때 장미꽃 봉오리를 따 모으라."라는 말, 그 누구보다도 소중한 시간을 보내고 있을 우리 아이들에게 하고 싶은 말이다. 나는 아이가 자신을 소중하게 생각하기를 바란다. 다른 사람에 대한 배려도 좋지만 그에 앞서 자신을 소중히 할 줄 알기를, 자기에 대한 배려에 아낌이 없기를 바란다.

오늘 미소 짓는 이 장미꽃도 내일이면 죽을 것이니
할 수 있는 동안 장미꽃 봉오리를 모아라.

로버트 헤릭만의 생각은 아니다. 루소 역시 그렇게 생각했다. 그는 우리의 어린 자녀들이, 한참을 커가는 청춘들이, 세상 그 누구보다도 중요한 시기를 보내고 있음을 늘 절실하게 깨닫고 있어야 한다고 강조했다. 루소는 우연히 한 청년과 대화를 나눈 후 느낀 점을 이렇게 얘기했다.

"친구들이 즐기는 시끌벅적한 쾌락이 지겨웠지만 그들의 조롱이 두려워 감히 그 쾌락을 거부하지 못한 어느 젊은 스위스 장교의 고백을 나는 잊지 못한다. 그는 이렇게 얘기했다. '싫으면서도 담배를 피우는 것처럼 나는 그런 일에 익숙해져 가고 있다. 어린애로 남아 있기 싫어서다.'"

왜 싫으면서 담배를 피우는 걸까. 그게 어른이 되는 것이라고 생각하는 스위스 장교는 어쩌다 그토록 철없는 생각에 사로잡히게 된 걸까. 루소는 말한다. 그 청년은 지금 기존에 그가 경멸했던 것을 존경하려고 한다고. 안타까운 생각에 루소는 청춘들이 자기 자신을 배려하는 법을 배워야 한다고 말한다. '모든 배려 중에서 최고의 배려는 자기 배려'라면서.

자녀들이 왜 나쁜 친구를 사귀게 되는 걸까. 왜 나쁜 친구의 유혹에 빠져 자신의 삶을 엉망으로 만드는 것일까. 아직 어리기 때문이다. 술 마시고, 담배 피우는 것이 어른의 상징이라고 생각하는 철없음 때문이다. 그렇게 아이들은 자신의 몸과 마음을 엉망으로 만들고 방치한다.

"그들은 왜 너를 설득시키려고 할까? 그것은 너를 유혹하려고 하기 때문이다. 그들은 전혀 너를 사랑하지 않는다. 너에게 관심조차 없다. 그들이 가진 동기라고는 오로지 네가 자기들보다 더 낫다는 것을 보고 마음속에서 일어나는 분통뿐이다. 그들은 너를 자기들과 같은 하급(下級) 수준으로 끌어내리기를 원한다. 그리하여 그들 자신이 너를 지배하기 위해, 네가 다른 사람들에게서 지도받는 것을 비난할 뿐이다. 너는 그런 변화에서 네게 득이 되는 것이 있으리라고 생각하느냐?"

루소는 18세기의 인물이다. 그런데 그의 교육에 대한 생각만큼은 300여 년이 지난 지금에도 칼날 같이 냉정하다. '너를 쾌락에 빠트리려는 이유가 너를 지배하기 위해서'라는 프레임은 치열한 현재의 경쟁 상황을 일컫는 것 같다. 아이들은 말한다. "걔는 게임기가 있어요.", "친구는 스마트폰을 마음대로 하던데.", "요즘엔 고등학생도 술 다 마셔요." 내 아이가 이런 말과 행동을 하지 않기를 바란다. 굳이 자신을 '하급 수준'으로 끌어내리지 않기를 원한다.

이쯤에서 부끄러운 내 과거를 먼저 고백해야겠다. 나는 고등학교 1학년 때부터 소주를 마시기 시작했다. 그냥 어른 흉내를 내고 싶었다. 대학교 입학하자마자 가장 처음 하고 싶었던 것은 담배였다. 대학이라면 먼저 지성을 쌓고 싶어야 했을 텐데 '어른이 되었음'을 흡연으로 증명받고 싶었던 게다. 철이 없었다. 왜 그렇게 유치했던 것일까.

왜 뿌연 담배 연기 속에 나를 가뒀던 것일까. 머릿속을 엉망으로 만드는 소주에 왜 나를 던졌던 것일까. 그렇게 해서 조금씩 나의 몸과 영혼을 갉아먹으면서도 왜 자신에게 미안한 마음을 갖지 못했을까. 건강의 정도가 그 사람의 인생철학을 결정한다는데 왜 나는 부모님이 주신 건강한 몸과 마음을 함부로 훼손했던 것일까.

수준 낮은 그들은 수준 높은 우리 아이들을 사랑하지 않는다. 오직 자신들의 수준으로 아이들을 끌어내리고 싶을 뿐이다.

루소의 다음과 같은 이야기를 내 아이들에게 꼭 전해 주고 싶다.

"스무 살까지 신체는 성장하기 때문에 모든 자양분을 필요로 한다. 그때까지 정숙은 자연의 질서를 따르는 일이다. 그러기에 그 정숙을 저버리면 반드시 체질에 손상이 따른다."

내가 너무 보수적인가. 꼰대인가. 아이들의 눈으로 보면 그럴 수도 있겠다. 그래도 양보할 수는 없다. 아이들이 스스로 자신을 배려하는 것 하나만큼은 제대로 해내기를 바란다. 아이들이 자신의 마음과 몸을 그 무엇보다 소중하게 존중하길 바란다. 재산 중의 재산은 건강이며 건강을 가진 자가 모든 것을 가진 자라는 것을 깨닫기 원한다.

3장

관계 자존감

함께 또 따로가 자존감을 넓힌다

① 퇴계 이황 《퇴계 이황, 아들에게 편지를 쓰다》 (연암서가)

퇴계 이황(退溪 李滉, 1501-1570)
조선 시대 최고의 사상가이자 교육자이다. 관직에서 물러난 뒤 도산서당에서 많은 제자를 가르치며 성리학의 심성론을 크게 발전시켰다. 《심경후론》, 《역학계몽전의》, 《성학십도》 등의 저서를 남겼다.

1

자녀의 공부에 대한 관심은
간섭이 아니라 의무

퇴계 이황《퇴계 이황, 아들에게 편지를 쓰다》

> "뜻을 세우지 않으니 결국 졸병으로 일생을 살 것인가?"

문제를 하나 풀어 보자.

(Q) 우리나라에서 유통 중인 1,000원 지폐의 앞면 모델은?

① 퇴계 이황

② 율곡 이이

③ 다산 정약용

④ 충무공 이순신

정답은? 함정이 있을까 봐 고민했을 사람이 있을 수도 있겠
지만 ①번 퇴계 이황이 맞다. 퇴계 이황(退溪 李滉), 그는 조선 최

초의 인문학자이자 조선의 대(大)유학자로 인정받는 인물이다. 1501년 경북 안동에서 태어나 1570년에 사망했다. 그는 이 시기에 성리학 이념을 실천한 선비였으며, 학자이자 관료로 활동했다.

그는 학문의 대가요, 최고의 관료였지만 가정에서는 자녀를 걱정하는 평범한 아버지였다. 진보적인 지식인이자 정치가였던 그가 아들의 학문에 대해 걱정하는 모습은 지금 이 시대를 살아가는 아버지들보다 더하면 더했지 결코 덜하질 않았다. 그가 아들에게 보낸 편지에서 이런 모습은 잘 나타난다.

"준에게 답한다. 네가 비록 다음 시험 때에는 제때에 와서 시험을 보겠다고 말했지만, 이번 시험에는 네가 가망이 없다는 것도 알지만, 가능하면 여러 친구들과 같이 와서 시험을 보아라. 각처의 사람들이 천둥 치듯 구름처럼 모여드는데, 너만 홀로 향촌에 눌러 앉아서 감정에 분발하는 마음이 없는 것이 옳겠느냐."

퇴계의 말을 요약하면 이렇다.

"시험이 있으면 일단 도전해 봐라."

"시험을 보지 않는다고 해도 시험장 근처에라도 있어 보도록 해라."

"다른 사람들이 도전하는 모습을 보고 분발하는 마음이라도 있어야 한다."

아빠의 무관심이 자녀의 공부에 도움이 된다는 말이 있다. 그런데 퇴계의 태도를 보면 꼭 그런 것 같지도 않다. '맞아. 아빠는 그냥 말썽 피우지 않고 돈벌이나 잘하면 돼!'라고 믿고 있었던, 아니 믿고 싶었던 나와 같은 게으른 사람에겐 퇴계의 말이 일종의 채찍질로 느껴진다. 성리학의 대가이자 당대의 정치가도 자신의 아들 교육에 이토록 신경 쓰는데 평범한 내가 뭐라고 자녀 교육에 그토록 무관심했단 말인가.

국무총리를 지냈던 분이 쓴 책 한 권을 읽은 적이 있다. 책에 자식 교육에 관한 내용이 있었다. 자신이 공직에 있을 때 직장에서 퇴근하면 곧바로 집에 왔단다. 그러곤 아들을 곁에 앉혀 수학 문제집을 펼쳐 놓고 공부하는 법을 가르쳤단다. (그의 아들은 S대 공대를 나와 사법시험에 합격한 후 현재 변호사다.)

너만 홀로 향촌에 눌러 앉아

분발하는 마음이 없는 것이 옳겠느냐

높은 공직에 있었던 그는 아들의 과외 강사가 되기를 자청했다. 아들이 문제 풀고 답만 맞힌다고 끝내지 않았단다. 왜 정답이 정답인지, 왜 다른 보기를 문항으로 냈는지, 오답이 났다면 오답이 나는 과정에서 미처 확인하지 못한 내용들까지 아버지인 자신이 일일이 분석하면서 아들과 이야기를 나눴다고 했다.

자녀의 공부에 대한 관심은 아버지라고 회피해선 안 된다. 퇴계도, 그리고 국무총리를 지냈다는 그도 모두 나보다 바쁘면 바빴지 한가한 사람이 아니었다. 하지만 자녀 교육에 관해 양보는 없었다. 구체적인 부분까지 개입했고 함께 이야기를 나눴다. 나는 내 아이들과 공부에 대해서 무슨 말을 나눴던가.

"숙제 다했니?"

"시험 잘 봤니?"

이건 무슨 출석 체크하는 것도 아니고, 그렇다고 공부에 대한 관심이 담긴 것도 아니며, 아이의 공부 '과정'이 아닌 오직 공부 '결과'만 보겠다는, 무책임한 발언 아니었던가. 부끄럽다. 공부에 대해 아이들과 나눴던 나의 말들이.

158

퇴계는 자녀 교육에 있어서 중요한 것 하나를 특히 강조했다.

> "때맞추어 와서 시험을 보지 않으려 하는 것은 다름이 아
> 니라 네가 평소에 입지(立志)가 없어서이다. 다른 선비들이
> 부추겨 용기를 북돋우는 때를 당하여도, 너는 격앙하고 분
> 발하려는 뜻을 일으키지 않으니, 나는 대단히 실망이 되고
> 실망이 되는구나."

입지란 뜻을 세운다는 뜻이다. 이 평범한 단어를 우리는 쉽게
말하고 그만큼 쉽게 잊어버린다. 진정한 뜻을 세운 사람이라면
그 뜻을 실행하는 것에도 거침이 없으며, 어려움이 닥치더라도
'이번은 안 될 거야.'라고 지레 절망부터 하지 않을 것이다.

퇴계는 아들이 학문에 대해 수동적이며 소극적인 모습을 보
이는 것이 안타까웠다. '실망스럽다'는 말까지 거침없이 한다.
지금 당장 성과가 나타나지 않더라도 적극적으로 자신의 의지
를 보여 주기를 기대하던 아버지 퇴계의 모습이 눈앞에 그려지
는 것만 같다.

"이게 뭐니? 이렇게 공부해서 너 커서 뭐가 될 거니?"

요즘 이렇게 말하면 개념 없는 부모 소리 듣기 딱 좋다. 하지

만 퇴계도 그랬다.

　"네가 이제부터라도 부지런히 공부하지 않는다면 시간은
쏜살같이 지나 버리고, 한 번 지나간 것은 따라잡기 어려울
것이다. 끝내는 농부나 군대의 졸병으로 일생을 보내고자 하
느냐? 천만 유념하여 소홀함이 없고 소홀함이 없게 하여라."

　'공부 안 하면 졸병 된다!'는 퇴계의 말, 지금의 아버지나 예전
의 아버지나 모두 아버지로서 갖는 자녀에 대한 애틋한 마음이
구체적으로 표현된 것이 아닐까.

　이제부터라도 부지런히 공부하지 않는다면
　끝내는 농부나 군대의 졸병으로 일생을 보낼 것이다.

　지금 부모들은 아이들과 학문의 뜻에 대해, 공부의 의미에 대
해 이야기를 잘 나누는지 궁금하다. 오직 결과, 즉 시험 성적으
로만 모든 것을 판단하려는 것은 게으른 부모의 자세다. 아이의
공부, 장래를 위해 할 수 있는 부모로서 최선의 모습은 과연 무
엇일까. 자녀가 하고 싶은 것을 무작정 하게 놔두는 것이 정말로

부모가 갖춰야 할 태도일까. 퇴계의 피토하는 심정을 부모들은
마음에 새겨야 하지 않을까.

"한가하게 세월을 보내서는 안 된다. 술 마시고 헛된 생
각에 빠지거나, 낚시에 빠져 공부를 소홀히 한다면, 끝내는
배움이 없고 아는 것이 없는 사람이 될 것이다. 나는 아침저
녁으로 네가 그렇게 해줄 것을 바라 마지 않는데, 넌들 어찌
내 뜻을 알지 못하겠느냐?"

사람으로서 당연히 해야 할 일을 알고 행한다는 것
"의(義)가 아닌 것은 듣지 않는다."

먼 과거의 이야기니 지금의 우리에겐 도대체 이해가 되지 않
는 내용도 퇴계의 편지에는 종종 보인다. 그 대표적인 이야기가
'계모(繼母)의 상(喪)'에 관한 얘기다. 퇴계가 살던 16세기까지만
해도 계모가 사망하면 친모가 사망한 때와는 달리 간략하게 상
을 치렀단다. 친모와 계모에 대한 차별적 태도가 엿보인다. 그
당시의 사회적 관습이었나 보다.

퇴계는 이런 차별에 반기를 든다. 계모의 상을 치르게 된 자신의 아들들에게 과거의 구습(舊習)에 얽매이지 말 것을 요구하면서.

"모든 일은 '가례(家禮)'를 참고로 하여 힘써 조심하고, 다른 사람과 의논하여 나무람을 듣지 않도록 하는 것이 지극히 마땅하고 마땅할 것이다. 너희들은 이 초상이 바로 너희 어머니의 초상이라는 마음을 갖고 임하도록 하라."

실제로 이 편지를 읽고 퇴계의 아들들은 친모의 상을 치르듯이 극진하게 예(禮)를 다했다. 계모를 하대하던 잘못된 사회적 관행에 대해 '그것은 예가 아님'을 말하는 것은 아무리 성리학의 대가이자 대(大)유학자인 퇴계라고 할지라도 쉬운 일이 아니었을 것이다. 하지만 퇴계의 생각은 단호했다. 계모에게도 예를 다하는 것이 옳으며 그것이 곧 의로움이라고 생각했다.

"어떤 사람은 계모가 친모와 차이가 있다고 말하지만 이것은 대개 뜻을 알지 못하여 경솔하게 하는 말로써, 사람을 '의(義)'가 아닌 것에 빠지게 하는 것으로 그것을 따라서는 안 될 것이다."

의(義)가 아닌 것에 빠지게 하는 말은
듣지 않는다.

의(義)란 무엇인가. '커다란 악(惡)에 저항하는 것'이 사전적인
개념이다. 구체적으로는 '사람으로서 지키고 행하여야 할 바른
도리'다. 사람으로서 당연히 지켜야 할 행동이기에 크고 작음을
따질 수 없다. 오히려 우리가 일상적으로 '그런가 보다'하면서
스쳐 지나가는 것들을 다시 한 번 살펴보고 사람으로서 행할 바
른 도리가 아니라면 적극적으로 고치려는 노력이 진정한 의로
움이다.

퇴계는 의로움을 고민할 줄 알았다. 의로움을 자신의 일상생
활에서 포기하지 않으려 했기에 의로움을 지키지 못하게 되는
상황을 못 견뎌 했다. 부끄러워할 줄 알았다. 사적인 영역뿐만이
아니었다. 퇴계는 공적인 분야에서도 의로움을 잃지 않았다. 사
람으로서 지켜야 할 당연한 도리가 무엇인지를 늘 고민했기에
그 판단도 빨랐다.

"벼슬살이하는 삼 년 동안 병을 앓았으나, 녹봉을 받아먹
고 살아왔으니, 옛 어른들의 행실에 비하여 보면 부끄럽기

한이 없구나. 그래서 앞으로의 굶주림을 헤아리지 않고 과

감하게 벼슬을 버리려고 하는 것이다."

'굶주리더라도 벼슬을 버리겠다.'는 퇴계의 모습, 지금의 내 모습을 다시 한 번 돌아보게 만든다. 내가 만약 오랜 관직 생활 끝에 병을 얻었다면 "이게 다 업무상 스트레스 때문이야!"라고 말하면서 내 주변 사람들을, 내가 속한 조직을 원망했을 텐데 말이다. 퇴계는 오히려 스스로 몸을 돌보지 못해 자신에게 주어진 책임과 의무를 다하지 못해서 부끄럽다고 자녀들에게 말할 정도로 용기를 가진 인물이었다.

퇴계는 아름다운 사람이었다. 아름다움과 부끄러움은 어울리지 않기 때문이다. 부끄러움이 무엇인지, 의로움이 무엇인지를 알기에 퇴계야말로 진정 아름나운 마음을 가졌다. 의로움은 배우는 것인가, 타고나는 것인가. 누군가는 타고나는 것이라고 하지만, 나는 그렇게 생각하지 않는다. 결국 배우는 것이다. 퇴계의 모습을 보고 배울 기회를 가진 그의 자녀들이 부럽기 그지없다. 스승이자 아버지가 다름 아닌 퇴계이니 그것만큼 큰 축복이 어디 있겠는가.

퇴계는 사적 일상은 물론 공적인 영역에서도 의로움이 무엇

인지를 잘 배운 사람이다. 그러기에 수많은 일을 의로움의 존재 유무로 판단할 줄 알았다. 의롭지 않으면 그것을 피하고 의로우면 관습과 정면으로 부딪히더라도 이겨 내려고 했다. 의로운 일을 잘 해내지 못하면 부끄러워했다. 그런 아버지를 둔 자녀가 의로움을 무시할 리가 없을 것이다.

나는 어떠했던가. 가정과 직장에서 의로움과 부끄러움을 깨닫고 있었던가. 자녀에게 의로움을 이야기하고 의로움을 마음속에 간직하도록 도와주었던가. 많이 부족했다. 지금이라도 나의 불의함을 부끄럽게 여기고 누군가의 의로움을 배우며 행동으로 보여 아이들에게 본이 되는 아버지가 되고 싶다.

나보다 잘난 사람과 관계를 맺을 줄 아는 용기
"스스로를 낮춤으로써 감히 다른 사람과 나란히 앉지 못한다는 뜻을 보여라."

드와이트 아이젠하워(Dwight David Eisenhower)는 미국의 군인이며 정치가다. 1944년 6월 6일, 영화 〈라이언 일병 구하기〉의 배경이자 나치 독일 멸망의 분기점이 된 역사상 최대의 군사 작전인 '노르망디 상륙 작전'의 영웅이다. 노르망디 상륙 작전을 총 지휘한 연합군 사령관 아이젠하워의 리더십은 어디서부터 시작되었을까. 그에 관한 일화를 통해 확인할 수 있었다. 그는 무명의 시인이 쓴 글을 늘 몸에 품고 다녔다. 내용은 다음과 같다.

"들통을 가져다 물을 채워라

손을 담가 본다. 손목이 잠길 때까지.

손을 꺼냈을 때 거기에 남아 있는 구멍

그 구멍이 나의 부재(不在)의 크기다."

몇 번이고 다시 한 번 그 의미를 되새겨볼 만한 내용이다. 존재감을 드러내기 위해 어쩔 줄 몰라 하는 나는 최고의 전쟁 영웅인 아이젠하워가 들고 다녔다는 무명 시인의 글에 커다란 부끄러움을 느꼈다. '아무리 잘난 척해 봐야, 대단한 사람이라고 스스로를 판단해 봐야, 실제로는 사라져도 그 누구도 아무 불편함을 느끼지 못하는 나라는 존재'를 되새기게 만든다.

추정해 보건대, 아이젠하워의 리더십의 핵심 키워드는 바로 '겸손'이었다. 실제로 그는 늘 이렇게 말했다고 한다.

"나보다 더 많이 아는 사람, 나보다 잘하는 사람, 나보다 명확히 사물을 보는 사람과 밀접한 관계를 맺고 가능한 한 많이 배워야 한다."

겸손과 배움의 자세가 그를 전쟁 영웅을 넘어 미국 제34대 대통령으로 만든 원동력이 아닐까. 자부심을 갖고 자신의 자리에서 최선을 다하되, 나를 대체할 사람은 세상에 얼마든지 있다는 태도를 절대 잊지 말아야 한다. 이런 마음이 있으면 우리는 일상의 순간에 더욱 충실할 수 있다. 겸손함을 알기에 스스로 유연해질 수도 있을 테다. '오직 내 말이 옳다!'라고 말하지 않을 것이다.

겸손은 우리에게 '유연한 사고'를 선물한다. 유연한 사고는 다가올 미래를 견디고 극복해 결국 성공하게 하는 힘이 된다. 새로운 것에 적응할 수 있도록 몸과 마음을 준비시킨다. 인생을 살아가는 데 있어 가장 중요한 것은 목표 의식을 갖고 내가 지닌 강점을 찾아내는 것이다. 하지만 그것은 필요할 때 변할 수 있어야 하며 이는 겸손과 배움의 자세, 즉 진정한 의미의 공부에 뿌리를 둔다.

공부를 했는데도 변화가 없다면 그건 공부가 아니다. 공부를 통해 우리는 새롭게 다가올 변화를 적극적이며 능동적으로 준비하게 된다. 자신에게 끊임없이 질문하고 타인의 생각, 즉 다른 방식으로 세상을 바라보는 사고를 배우는 자세가 필요하다.

미래는 고정불변의 것이 아니다. 그러므로 유연한 사고가 필요하며 그 유연한 사고는 변화에 적응하게 만든다. 이를 위해서라도 우리에겐 세상을 겸손하게 배우겠다는 마음가짐에서 비롯된 공부가 필요하다.

공부는 우리의 일상에서 늘 이루어져야 한다. 거창한 미래에 대한 배움만이 공부의 전부가 아니며 지금, 여기에서 내가 접하는 것들에 대한 공부가 진짜 공부다.

앞서 말한 퇴계 역시 그랬다. 그는 앞으로 세상이 이렇게 변할 것이다, 저렇게 변할 것이다, 라며 말로만 얘기하는 이론가가 아니었다. 지금 당장, 바로 여기 이 자리로부터 변화를, 개선을 만들어 나가려는 실천가였다.

내가 관계를 맺어야 할 사람은
나보다 많은 것을 아는 사람이다.

퇴계의 아들 준이 상중(喪中)에 있을 때 일이다. 준이 학질이라는 병에 걸렸다. 상중이다 보니 몸에 좋은 음식을 함부로 섭취해서는 안 되었나 보다. (예를 들어 상중에는 고기 등의 음식을 입에 대면 안 되는 관습이 있었다.) 아들 준은 이를 성실하게 지켰다. 병으로 인해 몸이 약해진 상황에서 먹는 것까지 부실하니 아들의 몸 상태는 점점 엉망이 되었다. 이때 퇴계가 아들의 상황에 대해 듣게 되었다.

성리학의 대가 퇴계가 어떻게 말했을 것 같은가. 대유학자 퇴계 이황을 생각하면 "역시 내 아들이로다. 아무리 힘들고 어렵더라도 지킬 건 지켜야 한다. 몸이 다소 힘들더라도 절대 지금의 모습을 버리지 말라."고 얘기했을 것 같지 않은가. 그러나 아니었다.

"너는 가볍지 않은 병에 걸렸으니 비록 상복을 입었다고 하나 이미 얼마를 지났으니 소식(素食)을 고집할 일은 아니다. 하물며 학질은 본래 비장과 위장 때문에 생긴 병인데 사람들이 모두 말하기를 '천 가지, 만 가지 약보다도 술과 고기로 비장과 위장을 보호함만 못하다'고 하니 이 말이 정말 이치에 합당한지라 지금 말린 고기 몇 짝을 보내니 너는 임시변통으로 소식을 중지하고 나의 간절한 뜻을 어기지 말도록 하여라."

쓸데없는 허례에 집착하지 말라고 조언했다. '고기 몇 짝'까지 보내면서 고기를 멀리하는 식사 태도를 버리라고 말한다. 자신의 간절한 뜻임을 강조했고, 즉시 실천하라는 말도 잊지 않는다.

"오늘부터 시작하여 즉시 고깃국을 먹어라. 모든 걱정스러운 일을 가슴에 걸어 두지 말고 여러 가지로 몸을 보호하여 늙고 병든 아비의 마음을 위로하도록 하여라."

우리는 부모다. 부모라면 미래를 예측할 수는 없다고 하더라도 일상에서 자녀들이 올바르게 생활할 수 있도록 유연한 사고를 갖추고 있어야 한다.

오로지 숙제, 오로지 공부, 오로지 부모 말만 잘 듣는 아이로 만들 것이 아니라 필요하면 아이의 자율성을 인정하고, 그 무엇보다 소중한 것은 건강한 몸과 마음임을 알려 주는 게 옳다. 물론 공부도 중요하다. 하지만 공부란 오직 영어, 수학에 관한 것만이 아니다.

지금 이 상황에 맞게, 일상의 갑작스러움에 그때그때 대응하는 삶의 지혜를 배우는 것도 공부다.

감히 다른 사람과 나란히 앉지 못한다는 뜻을 보임으로써
스스로를 낮출 수 있어야 한다.

퇴계는 유연한 사고의 소유자였다. 하지만 그 유연함은 '막무
가내의 일탈'과는 거리가 멀었다. 소식을 풀고 고깃국을 먹으라
는 그의 말 뒤에 덧붙여진 아래의 얘기처럼.

"그러나 남과 함께 음식을 먹는 것은 불가하며, 혹 여러
사람과 함께 음식을 먹을 일이 있더라도 곧 일어나 피해야
할 것이다. 이것은 거짓을 꾸미고 음식을 피해서 그러한 것
이 아니라, 바로 스스로를 낮춤으로써 감히 다른 사람과 나
란히 앉지 못한다는 뜻을 보임이니라. 대개 병 때문에 소식
을 푸는 것은 부득이한 일이요, 임시변통일 뿐이다."

그는 근본적으로 예절을 중하게 여겼다. 예의 안에 이익이 있
음을 잘 파악하고 있었다. 세상을 살아가기 위해서라도 예의를
갖추는 것이 그 무엇보다도 중요함을 알았기에 평소에 늘 자녀
들에게 그것을 실천하도록 강조했던 것이다. 그렇다고 퇴계가
맹목적 이론주의자, 형식적 예절주의자는 아니었다.

고개를 숙일 때에는 깊이 숙일 줄 알지만 필요하다면 고개를 숙이는 것을 잠시 멈추는 용기도 갖고 있었다. 유연한 마음으로 세상과 마주할 준비를 하고 있었기에 삶의 곤란한 순간마다 올바른 판단을 할 수 있었다. 정중함을 잃지 않으면서도 실리를 추구하는 그의 모습에서 자신의 것을 고집하지 않는 겸손을 배운다. 그것을 내 아이들에게도 알려 주고 싶다.

자기 자신을 보호하는 것은 무조건적인 선(善)
"튀어나온 모서리에는 앉지 않는다."

벌컥 화를 내는 경우가 있다. 아이들 문제에 관한 경우가 대부분이다. 이 성격을 고치고 싶은데, 솔직히 잘 되지 않는다. 물론 예전보다는 잘 참아 내고 있다. 하지만 아이들이 위험에 처했을 때는, 여전히 나도 모르게 소리를 '빽!' 하고 지르곤 한다. 그렇다고 생판 모르는 제3자가 내 아이를 때리고, 처음 보는 누군가가 내 아이를 납치하려는 상황을 말하는 건 아니다.

내가 화를 내는 경우는 아이가 스스로를 위험으로 내모는 행동을 할 때다. 아이가 학교에서 친구들과 놀다가 실없는 말로 친구를 놀려서 그 친구의 부모로부터 항의를 받았다는 얘기를 들을 때, 아이가 친한 친구와의 단톡방에서 같은 반 다른 친구를 비웃다가 그것이 그 친구의 귀에 들어가서 선생님으로부터 지적을 받았다는 말을 들을 때 등이다.

특히 요즘에는 아이가 말과 행동의 '작은 실수'를 우습게 보는 것에 익숙해지지 않길 간절히 바란다. 사회에서 보니 작은 실수로 자신의 가치를 훼손하는 일이 비일비재하기 때문이다.

"트위터는 인생의 낭비다."

영국의 프로 축구팀 맨체스터 유나이티드의 전(前) 감독인 퍼거슨이 남긴 명언이다. 만약 내 아이가 소셜 네트워크에 자기 반 친구를 비하하거나 혐오하는 이야기를 올렸다고 해 보자. 그것이 누군가에 의해 저장되고 먼 훗날 아이가 인생의 중요한 선택을 받게 될 때 결정적인 문제점으로 부각되어 불이익을 당한다면 얼마나 안타까운가.

부모는 늘 자녀가 걱정스럽기 마련이다. 내 아버지는 연세가 여든이 넘으셨다. 그런데 아직까지 만났다 헤어질 때 꼭 "운전 조심해라."하고 말씀하신다. 그 말을 예전에는 대수롭지 않게 웃어 넘겼다. 하지만 어느덧 나보다 키가 더 커 버린 중학생 아들에게 "횡단보도 건널 때 차 조심해라." 하고 말하는 나를 보면서 여러 가지 생각에 잠긴다.

부모는 아이가 성인이 되기까지 보호할 의무가 있다. 그건 몸과 마음 모두에 관해서다. 아이 몸이 다치지 않게, 마음이 상처받지 않게 보호하고 싶은 건 부모로서 당연한 마음이다. 퇴계 역시 마찬가지였다. 그도 결국 한 사람의 아버지일 뿐이었다. 아들이 급히 어딘가로 가야 할 일이 생겼나 보다. 비가 한창 내리는 철이어서인지 그는 갈 길을 조금 재촉하라고 말한다.

"아침에 떠나는 것이 어떻겠느냐? 일은 황급한데 비가 더욱 심하게 내리니 길을 가는데 어려움이 많았으리라 생각되며 시간 내에 이르지 못하는 폐가 있을까 두려우니 대단히 염려가 되는구나."

하지만 조금 일찍 길을 나서라고 권했지 절대 서두르라고는 하지 않았다.

"그러나 급히 쫓아가다가 뜻밖의 변을 당하기보다는 시

174

간에 미치지 못하는 것이 낫다. 옛날 말에 이르기를 '귀한 집 자식은 툭 튀어나온 모서리에 앉지 않는다.'라고 하였다. 모서리조차 오히려 위험하다고 하여서 앉지를 않았는데 하물며 큰물을 무릅쓰고 건너겠느냐? 제발 이것을 경계로 삼도록 하여라."

급히 쫓아가다가 뜻밖의 변을 당하기보다는
시간에 늦더라도 천천히 가는 게 낫다.

예전에 아버지도 나에게 비슷한 말씀을 하셨다. "밥 먹을 때 식탁 모서리에 앉지 말라."고. 지금 보니 그건 모서리에 앉아서 먹으면 복이 달아난다는 뜻이라기보다, 혹시 자신의 아들이 모서리의 날카로운 부분에 다치지 않을까 걱정하는 마음에서 나온 말이었다.

생각하면 고맙고 감사한 일이다. 나를 보호하려고 늘 마음을 쓰셨을 부모님의 따뜻한 사랑이 느껴진다.

탁자의 모서리조차 위험한데
하물며 큰물을 무릅쓰고 건너겠느냐?

일찍이 독일의 사회학자 울리히 벡(Ulrich Beck, 1944-2015)은 '위험 사회'라는 개념을 제시한 바 있다. 근대 이후 산업 사회에서 경제가 발전할수록 위험 요소도 함께 증가하고, 각종 위험은 후진국뿐 아니라 과학 기술이 발달한 선진국에서도 나타난다는 주장이다.

이때의 위험을 여러 가지로 볼 수 있는데, 후쿠시마 원전 사고 등이 대표적이다.

하지만 인류의 전체적인 위험뿐 아니라 개인적 차원에서도 위험의 늪에 점점 빠지고 있다. 탁자의 모서리와 같은 수많은 위험이 나와 내 자녀를 위협하고 있다. 그 위험 속에 빠지지 않고 평온한 삶을 영위하기를 바라는 건 아버지로서 갖는 소박한 희망이기도 하다.

나는 내 아이들이 자신을 위험에 빠트리지 않기를 바란다. 위험을 즐기는 자는 위험으로 망하게 된다. 위험은 대수롭지 않게 여길 때 더 빨리 찾아오는 법이다.

자녀들이 위험이 무엇인지를 늘 관찰하고 그것의 무서움을 알고 행하도록 도와주고 싶다. 자기 자신을 지켜 내는 건 세상 무엇과도 바꿀 수 없는 무조건적인 선(善)이라는 것을 깨닫길 바란다.

우리 아이들이 모서리에 앉지 않도록 하자. 그게 식탁이든, 일상이든, 학교 생활이든, 나아가 사회에 나가서 어떤 조직에서 일이든 관계없이 말이다.

아이들이 위험에 빠지지 않도록 걱정하고 고민하며 함께 이야기를 나누는 건 부모로서 지녀야 할 첫 번째 의무다.

② 소혜왕후《내훈》(한길사)

소혜왕후(昭惠王后, 1437-1504)

조선의 제7대 왕 세조의 맏며느리이자 제9대 왕 성종의 어머니로서, 실질적으로 왕실 안팎에서 강한 권력
을 행사했던 여성이다.

굳이 더 먹으려고 하지 말 것

소혜왕후 《내훈》

| **"나라와 집안의 흥망은 여자와 관계된다."**

　　소혜왕후(昭惠王后)는 조선 제7대 왕 세조의 장남인 덕종의 비
(妃)다. 세자빈에 간택되었으나 세자가 횡사하는 아픔을 겪었
다. 하지만 세조의 뒤를 이은 예종이 요절하고 그녀의 둘째 아들
이 왕위에 오르게 된다. 이후 소혜왕후는 조선 제9대 왕 성종의
엄한 어머니로서 실질적으로 왕실 안팎에서 강한 권력을 행사
한다.

　　소혜왕후는 15세기 조선에서 여성이 도달할 수 있는 최고
의 지성을 대표하는 인물이었다. 《내훈》은 그의 나이 39세 때인
1475년에 중국 고전 속에서 여자라면 알아야 한다고 판단되는

내용을 가려 뽑아 쉬운 한글로 번역하고, 어려운 내용은 주석을 첨가해 엮은 명실상부한 여성 교육용 도서이다.

이 책에는 당시 여성의 처지를 안타깝고 답답하게 여긴 마음이 가득 담겨 있다.

"남자는 마음이 호연(浩然)한 가운데 노닐고 뜻을 미묘한 데 두어서 옳고 그름을 스스로 분별하여 자기 몸을 지탱할 수 있으나, 여자는 한갓 길쌈의 굵고 가는 것에 만족하고 덕행의 높음을 알지 못하니, 이는 내가 날마다 한스럽게 여기는 바이다."

소혜왕후는 특히 여성의 덕과 배움을 강조했다. 왜 그랬을까. 자신이 여성이기 때문이었을까? 세상을 움직이는 근원적인 힘은 남성이 아니라 여성에 있음을 잘 알고 있었기 때문이다.

"나라와 집안의 치란흥망(治亂興亡)이 비록 남편과 군주의 총명함과 우매함에 달려 있으나 부녀자의 착하고 착하지 못함에도 관계된다. 그러니 부녀자도 가르치지 않을 수 없는 것이다."

나라의 흥망은 군주의 총명함과 우매함은 물론
부녀자의 덕과도 관계가 있다.

이 책을 읽어 본 바에 의하면 오로지 여성만을 위한 내용이 아니었다. 책 전체에 걸쳐 여성은 물론 남자들 역시 갖추어야 할, 아니 남녀노소가 모두 지녀야 할 예의범절과 올바른 행실을 설명하고 있다.

그렇다면 500여 년 전의 책이니 지금 세태와는 어울리지 않는 고리타분한 것들일까. 아니다. 내훈은 서로에 대한 예절과 배려가 무너지고 있는 지금 이 시대에 우리가 가져야 할 태도에 대해 잘 알려주고 있기에 오히려 더욱 새겨볼 만한 내용이 많다. 예를 들어 그가 말하는 식사 예절이 그러하다.

> "남과 함께 음식을 먹을 때 배부르게 먹으려 하지 말라.
> 국물을 소리 내면서 먹지 말라.
> 굳이 더 먹으려고 하지 말라.
> 이를 쑤시지 말라."

소혜왕후의 말이다. 이는 내 아이들에게도 꼭 알려 주고 싶은 태도다. 소혜왕후는 극히 개인적인 생각에 근거해서 책을 쓴 게 아니었다. 그는 평소의 방대한 독서량을 밑바탕으로 삼아 자신이 주장하는 근거를《논어(論語)》등 인문 고전으로부터 찾아냈다. 소혜왕후는《논어》나《소학》등의 고전 읽기를 게을리하지 않았고, 배움의 기회가 적은 여성들에게도 덕과 지성을 함양시키고자 하는 마음을 책에 담아냈다.

덕행의 높음을 알지 못하는 여성을 보면
한스러움을 느낄 뿐이다.

가난과 지혜는 가까운 친척이라고 한다. 형편없는 교양에 풍요로움은 자연스럽게 어울릴 수가 없다. 소혜왕후는 아마도 이 점을 잘 알고 있었으리라. 당시 여성이 여러 가지 면에서 남성에 비해 차별 대우받는 것을 단순히 저항으로 극복하자고 언급하기보다는 근본적인 지혜의 고양(高揚)을 이야기한 것은 그런 면에서 의미가 있다.

여성이 자신의 존재 가치를 제대로 찾기 힘들었던 조선 전기에 이토록 탁월한 지성과 덕을 겸비한 여성이 있었다는 사실, 늦게 알았지만 감탄하며 응원하고 싶다. 이 책에 나온 내용은 단순히 여성에 국한되어 적용할 것들이 아니다. 여성, 남성은 물론 어른과 아이 할 것 없이 생활 속에서 자신의 태도를 확인해 보는 기준이 되는 내용이 대부분이다. 일단 나부터 소혜왕후의 평범한 조언을 스스로에게 적용해 본다.

남과 함께 음식을 먹을 때 배부르게 먹으려 하지 말라. (×)

국물을 소리 내면서 먹지 말라. (○)

굳이 더 먹으려고 하지 말라. (×)

이를 쑤시지 말라. (○)

'×' 두 개가 모두 '○'으로 바뀌도록 해야겠다.

장난일지라도 가벼운 말은 하지 말 것
"부끄러움과 험담을 불러들일까 두렵다면 입을 조심하라."

《내훈》의 첫 번째 장(章)은 말과 행동에 관한 내용을 담고 있다. 즉, 인간관계에 관한 것이다. 물론 첫 번째 장 이후의 내용들도 모두 인간관계와 관련이 있다. 부모와의 관계, 혼인 관계, 부부 관계, 자녀와의 관계, 친척과의 관계 등이 그것이다. 하지만 소혜왕후는 첫 번째 장에서 이 모든 것을 아우르는 기본적인 여성, 아니 인간의 태도로써 '언행(言行)'의 중요성을 강조한다.

그의 가르침은 구체적이다. 적극적으로 고전을 해석해 배움에 이르지 못한 여성에게 해주고 싶은 말을 즉시 실행에 옮길 수 있도록 얘기한다. 그는 특히 "입을 조심하라."고 말한다.

"마음에 간직하고 있는 것이 뜻이고 입 밖에 내는 것이 말이다. 말이라는 것은 영예와 치욕의 관건이며, 사람과의 관계를 친밀하게도 하고 소원하게도 하는 중요한 조건이다."

마음에 간직하고 있으면 '뜻'이다. 그 자체로는 아무런 문제가 되지 않는다. 문제가 되는 것은 마음에 간직한 것을 입 밖에 내는 순간이다. 뜻이 말로 전환되는 순간 이제 마음에 간직했던 것은 세상과 만나야 한다. 입 밖으로 내뱉은 말이 자신의 가치를 훼손시키게 놔둘 수는 없는 노릇이다.

아무래도 말이라는 건 '하는 것'보다는 '하지 않는 것'에 강조점이 찍히게 마련이다. 말을 함으로 인해 생기는 인간 세상의 수많은 갈등과 싸움이 얼마나 많던가. 그래서일까. 소혜왕후 역시 '하지 말아야 할 말'에 대해 나열한다.

"남의 험담을 하지 말 것

윗사람에 아첨하는 말을 하지 말 것

심사숙고하지 않는 것을 말하지 말 것

장난하는 말을 하지 말 것"

　남의 험담, 윗사람에 대한 아첨, 섣불리 하는 말, 장난스럽게 하는 말 등은 모두 스스로를 힘들게 만들 수 있는 언행이다. 인간관계에서 말이란 중요하다. 말로 인해 멀쩡한 관계도 한순간에 어지럽혀진다. '가만히 있으면 중간은 간다.'라는 말도 있지 않은가.

말이 많아지면
몸에 누가 된다.

　나는 아이들이 자신의 말에 조심스럽기를 바란다. 최근 우리 자녀들의 말은 얼마나 거칠고 저열한가. 몇 년 전 일이다. 길을 가다가 한 아이가 친구에게 "장애인이냐?"하며 빈정대는 것을 보았다. '도대체 무슨 말이지?'하는 의문이 들었다. 집에 와서 아이들에게 물으니 무언가를 잘 못하는 친구에게 농담처럼 하는 말이라는 얘기를 듣고 충격을 받았다.

아이들의 말이 이토록 폭력적이어서는 곤란하지 않은가. 그 말들, 지금이야 어리다는 이유로 용서될지 모른다. 하지만 결정적인 순간에 자신의 말이 부메랑으로 돌아온다는 사실을 잘 알려 줘야 하지 않을까. 소혜왕후의 조언대로 편한 사람들과 함께하는 자리에서도 말조심하고, 부정하거나 의심스러운 대화에는 일절 끼지 않아야 한다.

소혜왕후는《예기(禮記)》등의 경전을 인용하면서 말에 대해 주의해야 할 것을 몇 가지 더 언급했다. 여기에서는 세 가지를 확인해 보기로 한다. 그는 우선 말이 많아지면 재앙이 될 수 있다고 경고한다.

"말을 많이 하지 말라. 말이 많음은 여러 사람이 꺼리는
바이다. 진실로 근본을 신중히 하지 않으면 재앙과 액운이
이로부터 비롯되니, 시비를 다투고 헐뜯고 칭찬하는 사이
에 몸에 누가 될 뿐이다."

두 번째로 그는 공자의 말을 예로 들며 언행에는 믿음이 있어야 함을 강조한다.

"말이 충성스럽거나 신뢰할 수 없고 행동이 돈독하거나
공경스럽지 못하다면, 비록 작은 마을에서라도 어찌 행세
할 수 있겠는가?"

신뢰할 수 없는 말을 하지 말라.
성실하지 못한 행동을 보이지 말라.
세 번째로 소혜왕후는 듣기에도 관심을 두었다. 자신의 허물
을 귀를 기울여 듣지 않는 사람은 아름다운 사람이 아니라는 것
을 잘 알고 있었다.

"요즘 사람들은 허물이 있어도 남의 말을 듣는 것을 기뻐
하지 않는다. 이는 마치 병이 들었는데도 의원을 꺼려 자기
몸이 죽을 지경이 되어서도 깨닫지 못하는 것과 같으니, 탄
식할 일이다."

자신에게 잘못이 있으면 그것을 지적하는 말을 들을 수 있어
야 한다. 듣지 못하면 죽은 사람과 다름없다.

자신의 허물을 듣는 것을
두려워하지 않는다.

아직 우리 아이들은 어리다. 아이가 작을 때는 근심도 작은 법이다. 하지만 지금이야말로 미래에 생길 큰 근심을 줄일 수 있는 기회다. 아이가 크면 근심도 커지기 마련인데 그중에서도 아이들이 말로 인해 어려움을 겪는다면 부모로서 그보다 큰 근심이 또 있겠는가.

지혜는 그저 가만히 있을 때는 찾아오지 않는다. 찾아 나서야 얻어진다. 세상과 화해할 수 있는 아름다운 말 역시 우리 아이들이 스스로 찾아 나설 때 얻어진다. 참고로 아이들이 가장 먼저 말을 배우는 대상은 부모다. 그렇다면 부모는 아이와 어떤 말로 소통하고 있었는가. 아이가 부모로부터 바른 언행을 배우고 있는가.

부모가 화낼 때 그것을 마음에 담아 두는 자녀의 무지함
"아버지가 편안함을 기뻐하는 자녀가 된다."

나는 아빠다.

188

농담 반 진담 반으로 아이들에게 묻는다.

"나중에 효도할 거야?"

"부모를 눈물 흘리게 한 자녀는 그 눈물을 닦아 줄 수 있는 유일한 사람이다."는 말이 있다. 효도란 어쩌면 눈물을 부모에게 주고 또 그 눈물을 어떻게 닦아 주느냐에 달려 있는 것 같다. 자녀가 부모에게 주는 건 아무래도 기쁨과 행복보다는 아쉬움과 걱정이 더 많을 수밖에 없기 때문이다.

그런데 아이들과 효도에 대한 이야기를 나누려다 보니 뭔가 찜찜한 것이 있다. 나 스스로에게 물었다.

'나는 효도하고 있는가?'

나는 누군가의 아빠이지만 또 누군가의 아들이기도 하다. '그 어머니에 그 딸' 혹은 '그 아버지에 그 아들'이라는 말처럼 내가 효도에 소홀한데 아이들이 내게 열심히 효도할 리는 없지 않은가. 그렇다면 나는 과연 어떠한가. 부모님께 잘하지 못하는 모습을 혹시 아이들이 보고 배우는 것은 아닐까?

소혜왕후는 부모에 대한 효도에 충실할 것을 권한다. 그 근거는 《예기》의 한 대목이었다.

"문왕이 세자로 계실 때 자신의 아버지인 왕계에게 하루에 세 번 문안을 드렸다. 닭이 처음 울면 옷을 입고 침실 문 밖에 이르러 왕을 곁에서 모시는 신하에게 '오늘 편안하신가?' 하고 물었고, 신하가 '편안하십니다.'라고 대답하면 기뻐하셨다. 한낮이 되면 또 와서 그렇게 하고, 저녁이 되면 다시 와서 그렇게 했다."

이 내용을 보고 나는 두 가지 면에서 마음이 찔렸다.
하나는 한 달에 세 번도 아닌 하루에 세 번 문안을 드리는 것,
다른 하나는 아버지가 편안하심에 기뻐하는 것

자녀라면 하루에 세 번,
부모에게 인사를 드리는 게 도리다.

"현대인들은 함께 살지도 않는데 어떻게 하루 세 번 문안을 드릴 수 있겠는가?"라고 말할 수도 있다. 하지만 전화가 있지 않은가? 그도 아니면 문자 메시지라도, 아니 '카카오톡' 같은 모바일 메세지를 통해서라도 말이다. 나는 어떻게 부모를 섬기고 있었는가? 부끄럽고 창피하다. 내 행동을 보고 과연 아이들은 효도

라는 것을 머리에 떠올릴지 상상이 되질 않는다. 모두 내 탓이다.

참고로 《내훈》에는 효도에 관한 다양한 사례가 소개되어 있다. 소혜왕후가 고전에서 찾은 매우 구체적이고 현실적인 사례들이기에 600여 년이 흐른 지금 봐도 그리 어색하지 않다. 만약 부모 중 한 분이 아프다고 해 보자. 함께 식사하게 되었다. 어떻게 해야 할까.

> "문왕이 병이 있으시면 무왕(은나라 마지막 왕인 주왕을 물리치고 주나라를 세운 인물로, 문왕의 아들)은 관과 띠를 벗지 않고 봉양하셨다. 문왕이 한 번 밥을 잡수시면 무왕도 한 번 잡수셨으며, 문왕이 두 번 밥을 잡수시면 무왕도 두 번 잡수셨다."

문왕과 무왕의 식사 모습이 눈앞에 펼쳐지듯 생생하다. 효도란 세상 모든 관계의 기초다. 부모부터 배려할 줄 아는 사람이 결국 밖에 나가서도 상대를 배려하는 사람이 되지 않을까. 가정에서의 효는 세상의 모든 관계맺음에 기초가 된다. 집에서 예의 없는 사람이 사회에 나가서 예의를 차릴 수 없다. 효를 옛날의 고루한 관습에 불과하다고 생각하며 배척해서는 안 되는 이유다.

부모의 노여움을 마음에 담아 두고 얼굴빛을 드러내는 자녀가 있다면 그 자녀는 하등(下等)이다.

그렇다면 부모를 어떻게 대하도록 자녀에게 가르쳐야 할 것인가. 소혜왕후가 하는 말에 귀를 기울여 보자.

"부모가 노여워하실 때, 자식이 마음에 담아 두지 않고 얼굴빛에 드러내지 아니하며 깊이 그 죄를 받아들여 부모로 하여금 가엾게 여기는 마음이 들게 함이 상등(上等)이다. 부모가 노여워하실 때, 자식이 마음에 담아 두지 않고 얼굴빛에 드러내지 않음이 그 다음이다. 부모가 노여워하실 때, 자식이 마음에 담아 두고 얼굴빛에 드러냄이 하등(下等)이다."

하등(3류) : 부모가 화를 내실 때 그것을 마음에 담아 두고 표정으로 드러내는 자녀

중등(2류) : 부모가 화를 내실 때 마음에는 담아 두지 않고 표정으로도 드러내지 않는 자녀

상등(1류) : 부모가 화를 내실 때 그것에 대한 죄송스러움을 깊이 받아들이는 자녀

반성한다. 나는 하등, 즉 3류 자식이었다. 물론 언제부터인가 정신을 차리긴 했다. 중등 정도가 되려고 애쓰긴 한다. 하지만 아직 멀고도 멀었다. 상등, 즉 1류 자식이 되기 위해 노력해야 한다. 나의 말과 행동을 돌이켜 보면 이 글을 쓰면서도 얼굴이 붉어지긴 하지만 말이다. 나와 내 아이들이 효도에 관한 한 모두 상등이 되기를 기대한다.

가족이 함께 지켜야 할 생활의 기준을 일상의 잘 보이는 곳에 붙여 놓을 것
"아침저녁으로 보면서 경계할 삶의 기준을 세운다."

부모 그리고 아이가 각각 지켜야 할 생활의 기준을 만들어 보는 건 어떨까. 자기를 존중하며 자신의 성장을 위해 스스로 만드는 인생의 규율 같은 것 말이다. 내 아이들에게(그중에서도 중학교 1학년에 입학한 둘째에게!) "네가 지켜야 할 기준을 정해 보라"고 말한다면 과연 어떤 대답들이 나올까. 궁금하다. 대충 이런 것들 아닐까.

1. 엄마, 아빠 말 잘 듣기

2. 예습, 복습 잘 하기

3. 형 그리고 동생과 잘 지내기

4. 편식하지 않기

5. 친구들과 사이좋게 지내기

뭔가 그저 그런 대답만 나올 것 같다는 생각이 든다. 그렇다고 어른인 내가 스스로 생각하는 생활 기준 역시 그리 멋스럽지는 않은 것 같다. 고작해야 이런 정도?

1. 일터에서 최선을 다하기

2. 집에서 아내에게 잘하기

3. 아이들과 잘 놀아 주기

4. 자기 계발하기

5. 운동하기

자신의 삶을 규율할 수 있는
자기만의 기준이 있는가.

그렇다면 이제 소혜왕후에게 물을 차례다. 그는 사람들이 어떤 기준을 갖기 바랐을까. 그가 바람직하다고 생각하는 생활 기준은 다음과 같은 14개의 말과 행동이었다.

1. 충성스럽고 신뢰가 가는 말

2. 돈독하고 공경스러운 행동

3. 마시고 먹는 것에 있어 삼가고 절제함

4. 고르고 바르게 쓰는 글씨

5. 단정한 용모

6. 가지런한 옷차림

7. 조심스러운 걸음걸이

8. 바르고 정숙하게 머묾

9. 계획을 먼저 세우고 일함

10. 자신의 행적을 돌아보고 말함

11. 떳떳한 덕을 굳게 유지함

12. 승낙할 때에 있어 진중함

13. 선을 보면 내 몸에서 나온 것 같이 사랑함

14. 악을 보면 내 몸의 병같이 여김

내가 깊이 성찰하지 못하였기에

잘 보이는 곳에 써 놓고 아침저녁으로 보면서 경계한다.

소혜왕후는 이 14개를 모두 철저하게 지켜야 한다고 말한다.

중국의 고전인 《서경(書經)》에는 "하늘이 보낸 재앙은 면할 수 있으나 자신이 자초한 재앙은 면할 수 없다."라는 말이 나온다. 이솝 우화에는 화살을 맞은 새가 그 화살이 자신의 깃털로 만든 것임을 알게 되는 장면도 있다. 우리 인간은 스스로 택한 악을 지니는데 사실 모든 해악들 가운데에서도 가장 고통스러운 것은 자신에게 가한 해악이다.

소혜왕후가 말한 14개의 기준, 어떻게 보면 별것 아닌 것처럼 보일 수도 있다. 하지만 하나하나 자세히 보라. 과연 우리 삶에서 그냥 스쳐 지나가도 되는 것이 어디 있는지를. 이미 어른인 우리야 그렇다 치자. 사랑하는 자녀가 자기 삶의 기준을 쌓아 가지 못하고 방황하다 실수하여 어려움을 겪는다면 부모로서 얼마나 가슴 아픈 일인가.

소혜왕후는 말한다. 삶의 기준을 그냥 가슴에 묻어 두지 말라고, 일상에서 가장 잘 보이는 곳에 써 놓고 아침저녁으로 보면서 몸과 마음을 다스리라고. 자신을 볼 줄 아는 사람이야말로 인생에 대한 선견지명이 있는 사람이라고.

"무릇 이 열네 가지를 내가 모두 깊이 성찰하지 못하였기
에, 앉는 자리의 모퉁이에 써 놓고 아침저녁으로 보면서 경
계하고자 한다."

우리 스스로가 만든 생활의 기준이 아직 없다면, 우선 소혜왕
후의 14가지 기준을 잘 보이는 곳에 붙여 놓으면 어떨까.

③ 존 맥스웰《리더를 꿈꾸는 청소년에게》(애플북스)

존 맥스웰(John Maxwell, 1947~)
세계적인 리더십 전문가이다. 미국에서만 2,400만 부 이상을 판매한 베스트셀러 저자로《사람은 무엇으로
성장하는가》,《리더십의 21가지 불편의 법칙》,《존 맥스웰 리더의 조건》등의 저서가 있다.

3

세상을 이끄는 리더가 된다는 것

존 맥스웰《리더를 꿈꾸는 청소년에게》

> "난관이 생기면 목표를 바꿔야 할지도 몰라.
> 하지만 넌 언제든지 그걸 이룰 수 있어."

존 맥스웰(John Maxwell)은 자기계발, 성장과 발전 등에 관심 있는 사람이라면 한 번쯤 들어봤을 법한 이름이다.

그는 세계적인 리더십 분야 전문가이며 베스트셀러 저자로 유명하다. 그동안 그가 낸 책은 전 세계에서 2,400만 권 이상이 팔렸다. 미국 아마존닷컴 10주년 기념으로 선정된 25명의 작가 중 한 명이 된 것은 당연할 정도다.

그의 책은 우리 집에도 여러 권 있다. 대부분 직장 생활을 하는 나를 위해 구입한 책이다. 하지만 아이들에게 읽혀 주고 싶어서 구입한 책이 있으니 바로 《리더를 꿈꾸는 청소년에게》이다. 여기에는 리더를 꿈꾸는 청소년들에게 권하는 다양한 방법론이 정리되어 있다. 맥스웰은 부모뿐만이 아니라 아이들 역시 리더십을 배워야 하고, 리더를 꿈꿔야 한다고 말한다.

"네 안에 잠자는 리더의 본능을 깨워라."

"정직, 고결, 성실! 이 세 가지의 진정한 가치를 갖춰라."

"변화를 두려워하지 말고 도전하라."

"자기 훈련으로 의지력과 책임감을 키워라."

"긍정적인 태도를 '선택'하고 그것을 끝까지 유지하라."

맥스웰이 말하는 리더란 누구를 말하는 걸까. 그는 리더라는 개념 자체에 대한 이해를 바로잡게 한다. 먼저 우리 부모의 마음부터 되돌아보자. '리더'라고 하면 누구의 몫이라 생각되는가? 리더라고 하면 회사의 상사, 성공한 기업인, 잘 나가는 정치인 등을 머리에 떠올린다. 이런 생각은 사실 협소하기 이를 데 없다. 평범한 두 사람 사이에서도 한 사람이 리더가 될 수 있기 때문이다.

리더란

오직 어른의 몫은 아니다.

　직업이나 지위로서의 리더를 따지기 전에 먼저 리더의 나이에 대해 생각해 보자. 리더란 어른만의 것일까. 보통 리더라고 하면 어른을 전제로 한다. 우리 자녀들 몫은 없다. '아이들이 뭘 안다고?' 하는 경멸 혹은 무시가 잠재해 있기 때문이다. 우스운 일이다. 나이가 드는 것이 아쉬워서 '나이는 숫자에 불과하다'고 생각하는 우리가 정작 그 나이로부터 벗어나지 못하고 있는 것이다. 모순이 아닐 수 없다.

　맥스웰은 리더를 어떤 조직이나 단체 등에서 목표 달성이나 방향을 향해 이끌어 가는 중심적인 위치에 있는 사람, 즉 공식적 집단 속에서의 장(長)으로만 보지 않는다. 오히려 가족이나 친구처럼 비공식적인 집단, 아무런 위계질서가 없는 사회적 관계 속에서 상황에 따라 앞서가는 사람을 리더로 본다.

　그러기에 당연히 리더를 나이에 의해 결정하려는 편협함을 경계한다. 눈에 보이는 성과를 만들어 내는 사람만 리더로 보는 것도 아니다. 자신이 처한 상황이나 환경에서 최선의 모습을 보여 주는 것만으로도 세상에 좋은 영향을 끼치는, 리더십을 발휘하는 것이라고 단언한다. 맥스웰은 제니퍼 호윗이라는 운동선수를 사례로 들어 설명한다.

"운동을 좋아하던 제니퍼 호윗은 아홉 살 때 하이킹을 갔다가 사고를 당해 척추가 부러져 전신 마비가 되었다. 아마 평생 휠체어 신세를 져야 했다. 그러나 제니퍼는 좌절하지 않고 미국 최고의 장애인 운동선수가 되기 위해 노력했다. 그녀는 1998년 세계 선수권 대회의 트랙과 필드 부문 경기에 참가했다. 그리고 2000년 시드니 장애인 올림픽에 미국 여자 휠체어 농구팀의 선수 열두 명 중 가장 나이 어린 선수로 참가했다."

아홉 살 때 전신마비가 된 제니퍼, 그는 말 그대로 어린이였고 또 아무것도 이루지 못한 평범한 사람이었다. 하지만 제니퍼는 스스로 진정한 리더십을 만들어 낼 줄 알았다. 그는 어떻게 리더가 되었는가. '최고'가 되겠다는 목표를 설정했다. 그러곤 1등을 위해 최선을 다했다. 맥스웰의 말에 의하면, 제니퍼의 모습 그 자체가 리더가 갖춰야 할 것을 보여 준다고 한다. 자기 자신에게 닥친 어려운 상황 속에서도 좌절하지 않는 모습을 세상에 보여

주는 것, 이 자체만으로도 제니퍼는 리더라는 게 맥스웰의 주장
이다.

제니퍼는 세상에 나타나는 리더다운 모습만으로 만족하지 않
았다. 자신의 성공만 바란 것이 아니었다. 1등이라는 순위보다
는 세상을 향해 진심으로 외치고 싶은 말이 있었다. 몸에 장애가
있는 어린 친구에게 '누구든 원하는 것은 무엇이든지 이룰 수 있
다'는 마인드를 심어 주고 싶었다는 것이었다. 그는 말한다.

> "뜻하지 않은 난관이 생기면 목표를 수정해야 할지도 몰
> 라. 하지만 넌 언제든지 그걸 이룰 수 있어."

스스로 리더의 길을 실천해 나가는 바로 그 순간부터
그 자체로 리더가 된 것이다.

난관 속에서도 희망을 잃지 않고 자신의 목표를 정하고 그것
을 이루어 나가려는 모습만으로도 충분히 리더답다. 그런데 제
니퍼는 어린 나이에도 불구하고 거기에서 더 나아가 자신처럼
어려운 환경에 놓인 친구에게 용기를 북돋워 주려는 선한 마음
이 가득했다. 이런 리더를 우리 어른 중에서 찾아본 적이 있는

가. 우리 주변을 둘러싼 세상 리더들은 과연 제니퍼만큼의 리더
십을 갖추고 있는가. 우리 아이들은 지금이라도 당장 리더가 될
수 있다. 문제는 부모다. 우리 부모들은 안타깝게도 아이들을 리
더로 대접해 줄 생각이 없는 것 같다. 그러니 아이들 역시 자신
을 리더로 봐 주지 않는 부모의 말과 행동으로 인해 자존감을 상
실하고 방황하며 스스로 리더가 되기를 포기한다. 얼마든지 리
더십을 발휘할 수 있음에도 불구하고 말이다.

이것이 어쩌면 그동안 우리 부모가 해왔던 결정적인 실수가
아닐까. 나는 오늘 아이들에게 물어볼 것이다.

"너에게 영향력을 행사하는 최고의 리더 이름을 말해 볼
수 있겠니?"

아마 테레사 수녀, 간디, 스티브 잡스, 오바마 대통령, 이순신
장군, 세종대왕 등의 이름을 아이들은 입에 올릴지 모르겠다. 하
지만 그렇게 말하는 아이들에게 이렇게 말해 주련다.

"지금 너에게 영향력을 행사하는 최고의 리더는 바로 너
자신이란다."

아직 자신의 내면에 있는 리더의 자질을 발견하지 못했다고 하더라도 상관없다. 목표를 세우고 한 걸음을 내딛는 순간, 거기에 더해 세상에 자신의 좋은 경험을 공유하겠다는 마음을 갖는 순간, 우리의 아이들도 간디, 스티브 잡스, 세종대왕보다 더 멋진 리더임을 깨닫게 해주고 싶다. 세상 그 누구보다도 멋진 리더가 될 아이들이 자신의 능력을 발휘해 내기를 간절히 기원한다.

자신의 아름다운 내면을 우선적으로 찾아낼 것
"시간이 갈수록 나는 늘 나 자신을 똑바로
들여다보는 사람이 되고 싶어."

어른이 되었다. 하지만 도대체 무엇이 어른다운 것인지를 아이가 묻는다면, 솔직히 할 말이 없다. 위대한 사람이 되지 못해서 그런 것은 아니다. 열심히 일하지 않았기 때문도 아니다. 나름대로 할 일을 해 왔고 열심히 살아왔다고 자부한다. 하지만 어른이라는 게 그저 밥벌이만 잘한다고 해서 그 존재 가치를 인정받는 건 아닐 터. 그렇다면 과연 제대로 된 어른이란 누구를 말하는 걸까.

쉽게 생각할 수도 있다. 어른이란 단어는 '얼운'에서 파생되었는데 이는 남녀가 짝을 이루는 행위인 '얼우다'에서 나온 것으로 '얼우는 행위를 한 사람'이란 뜻이라고 한다. 우리 조상들은 남녀가 결혼을 하고 자식을 낳아 기르는 것에 큰 의미를 부여하여 '얼운 사람'과 '그러지 않은 사람'으로 구분했다는 것이다. 어른을 이렇게 해석한다면 나는 어른이 맞다. 누군가와 결혼을 하고 아이를 낳아 기르고 있으니. 하지만 뭔가 아쉽다. 좀 더 나은 어른이 되기 위해 내가 해야 할 무엇인가를 찾아내고 싶다. 이런 나의 마음을 아는지 맥스웰은 충고한다. 자기 자신을 잘 들여다보라고. 자신도 바라보지 못하면서 세상의 것들만 탐닉하는 것을 경계하라고. 맥스웰은 자신을 돌아보는 노력의 주체를 어른에만 한정하지 않았다. 아이들이야말로 자기의 내면을 들여다보는 습관이 필요하다고 강조한다. 그가 사례로든 오빈 번사이드가 그러하다.

"십대 청소년인 오빈 번사이드는 자기 내면을 들여다보았다. 그러다가 입양 가정의 아이들을 무척 걱정하는 녀석을 하나 발견했다. 아이들이 한 가정에서 다른 가정으로 옮겨 갈 때 그 아이들이 쓰던 물건들은 늘 비닐로 된 쓰레기

봉지에 담겨 이곳에서 저곳으로 떠돌았다."

세상을 바라보기 위해서는 자신의 내면부터 살펴야 한다는 맥스웰의 해석이 흥미롭다. 자기 내면의 아름다움을 찾아내지 못하는 한 세상을 제대로 바라볼 수 없다. 오빈 역시 마찬가지였다. 내면의 탐색을 통해 세상을 알아차렸다. 맥스웰이 오빈을 높이 평가하는 이유는 여기에서 한 걸음 더 나아간다.

"오빈은 입양되어 보호되는 아이들에게 주기 위해 곱게 사용한 여행 가방을 모으기 시작했다. 시간이 지나자 오빈의 아이디어는 점점 커졌다. 얼마 되지 않아 그녀는 '아이들을 위한 여행 가방'이라는 프로그램의 리더가 되었다. 다른 청소년들은 오빈이 입양아들에 대해 얼마나 진심으로 마음을 쓰는지 보고 영향을 받아 그 활동에 동참했다. 수천 개의 여행 가방이 전국 곳곳 19개 이상의 주에서 입양 아동들을 위해 모아졌다."

솔직히 말해 나는 누군가에 대한 관심 그리고 봉사에 소홀하다. '내 한 몸 챙기기도 바쁜데 왜?'라는 의문 속에서 다른 사람의 어려움을 그냥 지나친 적이 한두 번이 아니었다. 내가 왜 이렇게 되었을까. 맥스웰에 의하면 나 자신을 돌아보는 것에 소홀했기 때문이다. 자신을 잘 돌아보면서 내면을 확인할 줄 아는 사람은 결국 세상을 향해 이로움을 표현할 줄 안다. 맥스웰이 말한 오빈의 사례처럼.

누구도 자신의 수준 이상으로는
다른 사람을 이끌어 갈 수가 없다.

세상은 조금씩이라도 좋아져야 한다. 내가 사는 세상이 좋아졌으면 좋겠고, 내 아이들이 살게 될 세상은 더더욱 아름다워지기를 원한다. 하지만 오직 바람만 있을 뿐 실행이 없다면 그것만큼 이기적이고 충동적이며 괘씸한 일이 또 있을까.

맥스웰은 나와 같은, 세상에 무책임한 사람을 많이 봐 왔던 것 같다. 그는 말한다. 이기적인 사고로 가득한 사람일수록 우선 자신을 잘 바라보는 연습부터 해야 한다고.

"거울을 들여다보세요. 충분한 시간을 들여서 오랫동안
자신의 얼굴을 바라보세요. 겉으로 드러난 여러분의 얼굴을 봤습니까? 믿을 만하고 정직한 사람을 봤습니까?"

생각해 보니 내 얼굴을 제대로 들여다본 적이 없는 것 같다. 아니 보긴 봤다. 그것도 매일. 하지만 아침에 일어나 면도를 할 때, 저녁에 자기 전에 이를 닦을 때 거울에 보이던 피상적인 모습으로서의 나를 본 것이지 내면을 들여다보는 것에는 실패했음을 인정한다. 나는 내 얼굴을 잘 들여다봐야 했다. 그 순간 내가 어디에 있는지, 내가 해야 할 것은 무엇인지, 세상이 좀 더 나아지기 위해 내가 할 수 있는 것은 무엇인지를 생각할 줄 알아야 했다. 솔직히 말해 이런 적, 거의 없었다.

좋은 리더가 되려면 일단 자신의 내면에 당당한 겉모습이 되기 위해 스스로를 이끌어야 한다.

맥스웰은 리더의 조건으로 우선 자신을 잘 들여다보기를 권한다. 그가 '에드거 게스트'의 시를 인용한 이유도 내면에 대한 관찰에 힘써야 함을 강조하기 위해서이다.

"나는 나 자신과 살아야 해. 그래서 내가 아는 나 자신에게 맞는 사람이 되고 싶어. 시간이 갈수록 나는 늘 자신을 똑바로 들여다보는 사람이 되고 싶어. 저물어가는 태양과 함께 서 있고 싶지 않아. 이미 지나버린 일 때문에 나 자신을 미워하고 싶지 않아. 벽장의 선반 위에 나에 관한 비밀을 많이 간직해 두고 싶지 않아. 내가 정말 어떤 인간인지 누구도 모를 거라 생각하고 나 자신을 속이고 싶지 않아."

내 아이들만큼은 자기 자신을 외면하지 않기를 바란다. 세상의 무의미한 것에 휘둘리기보다는 자신을 똑바로 들여다보면서 세상에 나갈 준비를 할 수 있기를 바란다.

리더가 되겠다고 섣불리 세상을 향해 눈을 돌리기 전에 하루 한 번 거울을 통해 자신의 얼굴을 차분하게, 그리고 감사한 마음으로 들여다보는 아이들이 세상에 많아졌으면 한다. 자녀를 둔 부모로서 작지만 큰 소망이다.

문제 해결의 결정적 요소는 태도의 차이
"저는 그저 가능할 거라고만 생각했습니다."

    살아간다는 건 끊임없이 다가오는 문제를 해결하는 과정이다. 어제도 오늘도 그리고 내일도 우리는 문제의 그늘에서 해결이라는 햇빛을 만들기 위해 늘 고심한다. 리더란 문제를 해결하는 사람이다. 그렇다면 문제를 잘 해결하는 사람의 자질은 무엇일까. 리더십의 대가인 맥스웰은 자신이 문제 해결에 능숙하게 된 계기를 다음과 같이 고백했다.

    "십 대일 때 나는 문제 해결에 그리 뛰어난 편은 아니었습니다. 그러다가 대학 시절 다른 사람들이 문제를 해결하도록 도움을 주면서 내가 얼마나 빨리 그들에게 영향을 줄 수 있는지 알았습니다. 하지만 나의 첫 문제 해결 강의는 나 자신의 문제를 해결하는 법을 배우면서 나온 것이 중심이었습니다. 나는 문제 해결을 위해 두 가지를 실행하겠다고 결심했습니다. 첫째, 긍정적인 태도를 유지하는 것, 둘째, 부모님을 잘 따르기로 결심한 것이었습니다."

뻔해 보이는 말처럼 느껴진다. 하지만 평범한 일상 속에서 진리를 찾고, 찾아낸 진리를 문제 해결에 적용해 나가는 맥스웰의 지혜는 아름답다. 나도 맥스웰처럼 하면 될까.

긍정적인 태도의 유지, 부모님의 말씀을 잘 따르는 것
이 두 가지가 젊은 시절 문제 해결의 키워드였다.

맥스웰은 특히 문제를 대하는 태도가 문제를 해결할 수 있는지 여부를 결정짓는다고 강조한다. 즉, 문제라는 것은 모두 '태도'에 관한 것이라는 이야기다. 문제는 늘 우리 주변에 있다. 문제를 부정적으로 바라보면서 해결의 기회를 놓치느냐, 긍정적으로 대하면서 솔루션을 찾아내느냐 하는 것은 모두 태도의 차이에 의해 결정된다는 것이다. 맥스웰은 유명한 야구 선수의 사례를 들어 맥스웰은 이를 설명했다.

"짐 애버트는 타고난 듯 야구를 잘했다. 조그만 아이였을 때부터 공을 잡고 던지는 연습을 한다고 벽돌로 된 벽에 공을 튀기면서 몇 시간씩 보냈다. 리틀 야구팀에 가입했고, 첫 게임에서는 투수로 나와 안타를 하나도 맞지 않은 노 히트 게임을 펼쳤다. 그렇게 초·중·고등학교 야구팀에서는 꽤 높은 성적을 내는 투수를 했다. 그뿐이 아니다. 고등학교 미식축구 팀에서는 인기 있는 쿼터백으로도 활약했다."

사례의 주인공인 짐에 대해 어떻게 생각하는가. 아마도 타고난 재능, 부모의 도움, 부유한 집안 등을 짐의 성공 이유로 머리에 떠올리지 않았을까 싶다. 그런데 맥스웰이 소개한 짐은 모든 것을 갖춘 사람이 아니었다. 야구선수로서는 치명적인 단점을 갖고 있었으니까. 그는 태어날 때부터 팔이 하나뿐이었다. 그럼에도 그가 이루어낸 기적의 목록은 끝이 없다.

"야구 장학생으로 미시간 대학교에 진학, 미국 최고 아마추어 야구 선수로 선정되어 미국 야구 협회의 '골든 스파이크 상' 수상, 미국 야구 대표팀에 선발되어 1988년 서울 올림픽에 투수로 참가, 메이저리그 토론토 블루제이스 투수"

많은 사람들은 틈만 나면 짐에게 "운동을 그만둬라."라고 얘기했단다. 하지만 사람들의 걱정과 우려에 대한 짐의 대답은 예상외로 쿨했다.

"그게 얼마나 어려운 일이 될지 전혀 몰랐어요. 저는 그
저 가능할 거라고만 생각했었죠."

어떻게 '긍정성'에 관해 이토록 완벽한 답변을 했는지 궁금할
정도다. 짐의 긍정성은 문제를 바라보는 관점 혹은 태도가 일반
인과는 전혀 다르다. 그는 문제 자체에 집중하지 않았다. 문제의
어려움을 고민하기보다 '잘 될 거야!'라는 긍정성과 그에 따른
노력만을 생각했다. 문제를 대하는 태도 하나로 그는 미국 프로
야구의 전설적인 인물이 되었다.
맥스웰은 짐의 사례를 들면서 이렇게 설명한다.

"여러분은 문제 풀이를 위해 도움이 되는 것에 도달하는
길, 아니면 좋은 것에 도달하는 길을 언제든지 찾을 수 있습
니다. 레몬은 그냥 먹기에는 너무 신 과일입니다. 그러나 그
즙으로 맛있는 레모네이드를 만들 수 있습니다. 불완전한
물건으로 완전한 것을 만드는 것이죠."

세상은 좋아지고 있다. 그러나 그만큼 각박해지고 또 답답해
지는 것도 사실이다. 다양한 세상만큼 다양한 문제가 우리 아이

들에게 다가오고 있다. 이러한 때에 아이들이 이런저런 문제와 그에 따른 실패에 실망해서 자신의 자존감을 스스로 무너뜨린 다면 얼마나 안타까운 일인가. 나는 아이들이 좌절의 순간이 오 더라도 오히려 힘써서 자신을 더 채찍질하는 자기 반란의 힘, 자 기 혁명의 태도를 갖기를 원한다.

아이들이 자기 스스로를 책임의 기준으로 삼았으면 한다. 삶 에 대한 긍정적 의지와 함께 '지금 원하는 것은 무엇이든 하고 싶다'는 바람을 늘 간직하길 바란다.

레몬을 보며 레모네이드를 꿈꾸고, 한쪽 팔만으로도 메이저 리그를 호령하겠다는 그런 자존감이 자녀에게 가득하도록 도와 주는 것이 부모의 역할이다. 아이들이 지독할 정도의 긍정성을 갖고 세상을 '늘 이겨 낼 수 있는 그 무엇'으로 여기는 자신감을 갖기를 기대한다.

칭찬과 격려를 통해 함께 해나가는 기쁨을 누리는 것
"걱정하지 마. 너에게 하고 싶은 말은 최선을 다하려고 노력해 보라는 것뿐이야."

언젠가 급성장하는 스타트업 회사의 대표와 이런저런 이야기를 나눌 기회가 있었다. 그는 성공 비결로 '어떻게 해서든지 구성원을 칭찬하려는 리더의 노력'을 꼽았다.

"구성원들이 지쳤을 때 오히려 그들의 잘하는 점, 밝은 점을 일일이 얘기하려고 했습니다. 그때 저는 그들이 다시 힘을 내는 것을 경험했습니다. 그 이후에는 어떻게 해서든지 구성원의 장점과 특징에 집중합니다. 아이들을 가르칠 때 결과보다는 과정을 칭찬하는 것과 같다고나 할까요."

그분의 성공 스토리도 귀에 솔깃했지만 '칭찬과 격려가 한 사람의 성장을 돕는 위대한 힘'이 된다는 화두가 더 기억에 남는다. 칭찬과 격려의 중요성이 이뿐일까. 당신이 말을 잘 들어주지 않는 남편을 둔 아내라고 해 보자. 남편이 말을 잘 듣게 하려면 어떻게 해야 할까. 두 가지를 기억하면 될 것이다.

"첫째, 어떤 경우에 남편이 자신의 말을 잘 듣는지를 먼저 관찰한다. 둘째, 자신의 말을 들어줄 때마다 칭찬한다."

이렇게 하다 보면, 즉 칭찬을 반복하다 보면 남편의 행동은 점점 나아지지 않을까.

아이를 기를 때는 결과보다는 과정에 집중하여
아낌없이 칭찬과 격려를 해야 한다.

그렇다면 칭찬과 격려는 오직 어른의 몫일까. 아니다. 우리의 아이들도 자신을 둘러싼 사람에게 칭찬과 격려를 아끼지 않고 할 수 있다. 칭찬과 격려에 익숙한 아이들은 사회에서 리더로 성장할 가능성이 크다. 실제로 칭찬과 격려에 인색한 사람을 따르려는 사람은 없지 않은가. 누군가를 이끌어가기 위해서는 뒤따르는 사람들이 있어야 하며 그러한 사람들을 만들어 낼 수 있는 비결은 칭찬과 격려에 있다.

어떻게 칭찬과 격려를 아낌없이 할 수 있을까. 도대체 누구를 어떻게 칭찬하고 격려하라는 말인가. 어른도 하기 힘든데 우리 아이들이 어떻게 칭찬과 격려를 한다는 말인가. 맥스웰은 칭찬과 격려에 서툰 부모와 아이에게 간결하면서도 실행 가능한 해법을 제시한다.

"친구 세 명의 이름을 쓰십시오. 각각의 이름 아래 그 친구의 자존심을 키워 줄 확실한 칭찬을 쓰세요. 다음에 그 친구를 만나면 그 칭찬을 해주는 걸 잊지 맙시다."

맥스웰의 이야기에 따라 다음을 작성해 보자.

[1단계] 친구 세 명의 이름 쓰기

김민희

박정민

최지환

[2단계] 친구의 자존심을 키워 줄 확실한 칭찬을 쓰기

김민희 : 밝은 웃음

박정민 : 긍정적인 말 습관

최지환 : 남을 도와주는 것에 앞장서는 모습

[3단계] 친구를 만났을 때 기록해 둔 칭찬의 말을 하기

김민희 : "너의 밝은 웃음은 늘 나에게 힘이 된다."

박성민 : "인제나 긍정적인 너의 말은 주변의 사람에게도 긍정 에너지를 준다."

최지환 : "남을 도와주는 것에 앞장서는 모습이 정말 멋있다."

맥스웰은 말한다. 어른이 아닌 우리 아이들도 이렇게 누군가를 칭찬하고 또 격려하는 것을 잊지 말아야 한다고. 그는 아이들

이 칭찬과 격려를 아끼지 않는 리더가 되기를 바라면서 또 하나의 사례를 예로 들었다.

"밍 리는 파트타임으로 댄스 교습 지도를 했다. 그녀는 초등학교 여자아이들 그룹에게 콘테스트 준비를 시키고 있는 중이었는데, 아이들 중 하나가 평소에 춤추는 것처럼 하지 못하는 걸 발견했다. 밍 리는 뭔가 잘못되지 않았을까 걱정이 됐다. 그 아이와 둘만 남았을 때 밍 리는 그 아이를 불렀다. '모니카, 너 좀 이상해 보이는구나. 괴로운 일이라도 있니?' 모니카가 대답했다. '콘테스트가 걱정돼요. 제가 엉망으로 만들어 우리 팀이 져 버리면 어떡하죠?'"

이럴 때 내가 밍 리라면 모니카에게 어떤 말을 해 줬을까?

"이건 콘테스트야. 경쟁이라고. 정신 똑바로 차려!"
"너만 힘든 거 같니? 여기 있는 친구들, 모두 다 힘들어."
"그래서 하겠다는 거야, 말겠다는 거야."

하지만 밍 리는 이렇게 말했다.

"만약 그런 일이 일어나도 세상이 끝나는 건 아니니까 걱
정 마. 넌 춤을 굉장히 잘 추잖아. 내가 해 줄 말은 최선을 다
하려고 노력해 보라는 거야."

칭찬과 격려는 영혼을 위한 산소와 같다는 게 맥스웰의 주장
이다. 리더에게는 하나의 목적이 있다. 그것은 자신을 따르는 사
람들로부터 최선을 이끌어 내는 것이다. 성공한 리더는 칭찬과
격려가 최선을 이끌어 내는 방법이라는 걸 잘 아는 사람이다.

칭찬과 격려는
영혼을 위한 산소와 같다.

아이들이 세상을 향해 칭찬과 격려를 아끼지 않았으면 좋겠
다. 칭찬과 격려로 인정받는 것에만 목말라하는 게 아니라 누군
가를 칭찬하고 격려해 줄 수 있는 사람이길 바란다. 이를 위해선
우리 아이들이 부모로부터 보고 듣고 배우는 과정이 먼저 필요
하다. 어떻게 해야 하는 것인지를 잘 모르겠다면 맥스웰이 사례
로든 NFL(전미 미식축구 리그)의 전설적 코치인 빈스 롬발디의 이
야기를 참조해 보자.

"빈스 롬발디는 역사상 가장 위대한 미식축구 코치 중 하나였다. 그는 자기 팀을 NFL에서 다섯 번, 슈퍼볼에서 두 번이나 우승으로 이끌었다. 그가 그렇게 할 수 있었던 비결은 자기 팀 선수들에게서 최선을 이끌어 내는 방법을 안 것이었다. 선수들을 승리자처럼 대하면 선수들이 승리자처럼 경기를 할 거라는 걸 그는 잘 알았다."

칭찬과 격려를 아끼지 않았던 롬발디에 대해 선수들은 어떻게 생각했을까. 한 선수는 "롬발디는 내가 만난 사람 중에서 가장 올바른 사람입니다."라고 말했다.

칭찬과 격려를 아끼지 않는 사람을 보고 "내가 만난 사람 중에서 가장 올바른 사람"이라고 했다는 이야기에서 무엇을 느끼는가. 부모는 '올바른 사람'이 되고 싶다. 그렇다면 우선 칭찬과 격려를 충분히 하도록 노력하자. 그러면 아이들 마음속에 부모를 향한 존경심이 저절로 생겨날 테니까.

4장

자존감 다지기

무엇보다 사랑이 가장 중요하다

① 마야 안젤루《딸에게 보내는 편지》(문학동네)

마야 안젤루(Maya Angelou, 1928-2014)

미국의 시인이자 소설가이다. 〈아메리칸 퀼트〉, 〈끝나지 않은 여행〉 등 영화에 출연했으며 《새장에 갇힌 새가 왜 노래하는지 나는 아네》, 《딸에게 보내는 편지》 등 저서를 남겼다.

1

자신이 넘치도록 갖고 있는 그 무엇을 알아차릴 것

마야 안젤루 《딸에게 보내는 편지》

> "내가 옆으로 조금만 움직이면
> 다른 사람이 앉을 수 있는 자리가 생긴다."

우리 집 첫째는 동생이 생겼을 때 놀랐을 것이다. 놀란 만큼 곧 깨달았을 테다. 엄마와 아빠의 사랑 일부가 동생에게로 향하고 있음을 말이다. 그만큼 좌절했을 것 같다. 그리고 그 과정에서 자신의 것에 대한 보다 명확한 관념이 생겼을지도 모르겠다.

그래서일까. 우리 집의 아들 둘은 중학생이 된 지금까지도 여전히 작은 것을 두고 다투곤 한다. 특히 자기 것에 대해서 예민하다. 내 칫솔, 내 과자, 내 볼펜 등. 그때마다 나는 생각한다. 아이들이 갖지 못한 것이 아닌 이미 갖고 있는 그 많고 많은 것들에 대해 감사하는 마음을 가졌으면.

나는 아이들이 자신이 갖고 있는 것들을 알아차리기 원한다. "내 꺼야!"라고 말하기 전에 자신이 가진 수많은 것을 있는 그대로 바라보고 감사하며 나눌 수 있기를 바란다. 솔직히 아빠인 나부터 여전히 탐욕스럽고, 여전히 갖고 싶은 게 많다. 그렇다고 해서 아빠의 이런 면을 아이들이 온전히 답습하기 원하지 않는다.

아이들은 생각보다 많은 것을 갖고 있다. 문제는 지나친 풍족함이지 결핍은 아니다. 가진 것의 소중함을 모르는 게 문제지 결핍으로 인해 괴로워해야 할 것은 별로 없다. 아이들이 자신이 가진 것에 대해 알아차리고 그것에 감사하며 나누는 방법을 찾고 또 행했으면 좋겠다.

어렸을 적 불우이웃돕기의 기억이 아직도 생생하다. 집에서 안 입던 옷을 모아 선생님에게 가져다 드리고, 아버지가 보고 난 신문을 모아 반장에게 제출했다. 솔직히 귀찮았다. 얼굴 한 번 본 적 없고, 어쩌면 영원히 만나지도 않을 누군가를 위해 이것저것 챙겨야 하니 말이다.

"힘든 이웃을 도와야 한다." 라는 담임 선생님의 말은 귀에 들어오지 않았다. 그때 불우한 이웃을 왜 도와야 하는지, 내가 풍족하게 갖고 있는 것이 무엇인지 선생님께서 좀 더 자세히 알려줬다면 내가 그 활동을 귀찮게 여기지는 않았을 텐데 하는 아쉬움이 든다.

언젠가 둘째가 "좋은 친구가 많았으면 좋겠어요."라고 말했다. 좋은 친구가 주위에 많다는 건 어떤 의미일까. 그건 결과적인 현상일 뿐이다. 가만히 앉아 기다려서는 아무것도 변하지 않는다. 좋은 친구가 저절로 생길 리가 없다. 좋은 친구를 원한다면 내 주위에 좋은 친구가 많아지도록 노력하는 게 먼저다.

한 여성이 있다. 이름은 마야 안젤루(Maya Angelou)이다. 흑인여성으로 미국의 시인이자 작가 그리고 배우였다. 세 살 때 부모가 이혼하면서 남부 아칸소 주의 할머니 집에 맡겨졌고, 어머니와 재회한 7세 무렵 어머니의 남자 친구에게 성폭행을 당한 후 5년 간 실어증을 앓았다.

세상은 계속해서 그를 괴롭혔다. 16세에 미혼모가 되었다. 여자의 몸으로 트럭 운전, 자동차 정비를 하며 먹고사는 것을 해결했다. 그러다 결국 매춘까지 하게 되었다. 여기까지만 보면 결과는 어둡기만 할 것 같다. 파멸한 인생이 눈에 그려지는 듯하다. 가진 것은 아무것도 없고 오직 세상으로부터 뺏어야 하는 것만 있는 사람처럼 느껴진다.

하지만 다행히 그는 무엇인가를 세상에 나눌 줄 알았다. 좋은 친구들이 곁에 있었기 때문이다. 유년의 그에게 문학을 알게 한 이웃집 선생님, 30대 초반 뉴욕 시절 만난 마틴 루터 킹 목사와, 한때 연인이었던 인권 운동가 등이 있었다. 그는 좋은 사람을 만나면서 비로소 자기 삶을 객관화할 수 있었다. 인권 운동의 넓은 지평 위에 자신을 세울 수 있었고 자신이 가진 것들을 세상에 아낌없이 베풀 줄 알았다.

각종 매체의 편집자로서, 프리랜서 기자로서, 그는 글쓰기를 시작했다. 그는 사적 경험이 일깨운 것들과 수없이 많은 사람의 지혜에서 얻은 것으로부터 비롯된 글과 연기, 춤과 노래로 세상과 소통했다. 그로부터 영향을 받은 사람 중에선 오프라 윈프리, 미셸 오바마처럼 지금 세계를 움직이는 사람들이 꽤 있다.

그는 인종 차별이 심한 지역에서 성장했다. 가정 환경도 일반적인 집과는 달랐다. 엄마의 부재, 거친 주변 환경, 성폭행 등 세상이 힘들게 느껴졌을 만도 하다. 그럼에도 그는 증오, 미움, 질투와 쉽게 타협하지 않았다. 자신이 갖지 못한 결핍에 집중하지 않았다. 자신이 갖고 있는 것을 존중했고 그것을 통해 사랑을 얘기할 줄 알았다.

228

"나는 그보다 인정 많은 사람이고 싶다. 인정이 많다는 것은 말 그대로 '나는 필요 이상으로 많은 걸 가지고 있고, 당신은 부족하네요. 내 남는 몫을 당신과 나누고 싶어요.'라는 뜻이다."

자신의 고통에 대해 세상에 증오만 쏟아 내도 모자랐을 텐데, 오히려 그는 나누고자 했다. '가진 게 뭐 있어?'라고 불평할 만한데도 그리 생각하지 않았다.

"내 남는 몫이 돈이나 물건처럼 눈에 보이는 것이어도 좋고, 그렇지 않은 것이어도 좋다. 말이나 행동에서 인정이 느껴지는 것만으로도 상대에게 얼마든지 엄청난 기쁨을 선사할 수 있고, 상처받은 가슴을 치료해 줄 수 있는 것이다."

인정 많은 사람이란
자신이 필요 이상으로 많은 걸 가지고 있음을 알아채고
자신의 몫을 아낌없이 누군가와 나누는 사람이다.

안젤루는 무엇인가를 준다는 것이 물질적인 것만을 의미한다고 말하지 않는다. 그가 생각하는 누군가에게 줄 그 무엇에는 두 가지가 있다.

첫째, 눈에 보이는 것, 예를 들어 돈이나 물건.

둘째, 인정이 느껴지는 것, 예를 들어 말이나 행동.

나는 아직도 주는 것에 서툴다. 특히 사랑, 행복, 기쁨을 누군가와 나누는 것이 여전히 미흡하다. 이제 말이나 행동부터 인정을 주는 사람이고 싶다. 내 아이들도 그러하기를 바란다. 줄 수 있으려면 자신이 가진 것을 충분히 알아야 한다. 자신이 가진 충만함을 알아차릴 때 비로소 누군가에게 무엇을 줄 수 있다.

아이들에게도 베푸는 것의 아름다움을 가르치고 싶다. 어떻게 해야 할까. 먼저 "네가 부족한 걸 말해 줄래?"라고 질문할 것 같다. 처음에는 부족함의 목록이 아마 끝도 없이 나올지도 모르겠다. 좋다. 끝까지 들어주자. 단 진심을 다해 있는 그대로를 들어 준 뒤, 좀 더 겸손한 마음으로 하나를 더 물어보겠다.

"네가 이미 충분히 갖고 있다고 생각하는 것을 말해 줄래?"

아이들은 말할 것이다. 서랍 속에 굴러다니는 지우개, 한 페이지를 쓰고 책장 어딘가에 놓아 둔 공책, 작년에 한참 관심을 갖던 캐릭터가 그려진 가방…. 오직 물질적인 것뿐일까. 나는 아이들이 갖고 있는 '눈에 보이지 않는 것들'이 입에서 나올 때까지

기다릴 것이다.

남들보다 뛰어난 수학 실력, 웃으면 너무나 예쁜 미소, 그리고 또…. 그렇다. 우리 아이들은 이미 많은 것을 가졌다. 그것도 매우 풍족하게! 그걸 나눌 줄 아는 아이가 되기를 조심스럽게 바란다. 이를 위해 세상을 향해 미소 짓는 아이의 모습에 함께 기뻐하련다. 그것을 격려하고 응원하며 함께하고 싶다.

안젤루는 할머니 손에서 자랐다. 가끔 친모를 찾아가기도 했는데, 어느 날 엄마가 안젤루를 불렀다. 그러곤 늘 어두운 표정을 짓던 안젤루를 향해 "난 네 엄마니까 네가 어떻게 해줬으면 좋겠다고 말할 수 있다고 생각해."라면서 이렇게 부탁한다.

"모르는 사람한테 억지로라도 웃어 줄 수 있다면 엄마한
테도 그렇게 해 주렴. 그 마음, 고맙게 받아들이겠다고 약속
할게."

아마 엄마와 떨어져 자라 서먹해진 모녀 관계에서 비롯된 뭔지 모를 안타까움이 안젤루 어머니의 마음속에 자리 잡고 있었던 것 같다. 영문을 모르는 딸은 당황스러웠지만 곧 엄마에게 미소를 지어 준다. 엄마는 눈물을 흘렸다.

"우리 딸 웃는 얼굴을 처음 보네. 너무 예쁘다. 우리 예쁜
딸이 웃을 줄 아네."

이때 안젤루는 자신이 가진 것을 누군가에게 베푸는 것의 의
미를 알았다고 고백했다.

"그날 나는 누군가에게 미소 짓기만 해도 베푸는 사람이
될 수 있다는 걸 배웠다. 그 후 세월이 흐르면서 따뜻한 말
한마디, 지지 의사 표시 하나가 누군가에게는 고마운 선물
이 될 수 있다는 걸 깨달았다. 내가 옆으로 조금만 움직이면
다른 사람이 앉을 수 있는 자리가 생긴다."

모르는 사람한테 억지로라도 웃어 줄 수 있다면,
가장 가까운 사람에게 먼저 웃어 준다.

"미소만으로도 내가 베풀 수 있는 사람이 된다."고 말하는 안
젤루의 마음이 아름답다. 내 아이들이 이미 가진 아름다운 그 무
엇인가를 세상에 베푸는데 인색하지 않기를 바란다. 그건 물질
적인 것이어도 좋지만, 꼭 그렇지 않더라도 괜찮다. 안젤루가 말

한 '아름다운 미소' 하나만으로도 충분한 것처럼 말이다.

나를 부정하는 모든 것에 대해 저항하는 법
"자기방어를 할 줄 모르는 사람은 스스로를 사랑하지 않는 사람이다."

어렸을 때 나는 이런 말을 듣곤 했다.

"왜 이렇게 얌전하니?"

"너무 조용한거 같아."

"남자애가 계집아이처럼 부끄러움을 타는 거니?"

그런 말은 마음의 상처로 남았고, 세상에 대한 자신감 부족으로 악화되었으며, 결국에는 나 자신에 대한 부정으로 이어졌다. 나를 스스로 부정한다는 건 무서운 일이었다. 알고 보면 이는 세상에 둘도 없는 나만의 특징들, 세심하고 모범적이며 조심스런 성격을 외면하는 우매함에서 비롯했다.

어처구니없게도 나는 스스로 가면을 썼다. 거칠며 큰 목소리를 내고 가끔 세상을 향해 이유 없이 소리를 쳐댔다. 내가 아닌 다른 사람으로 살아가는 데에 익숙해지기 위해 노력했다. 노력하지 말아야 할 일에 힘을 쓰는 무지함, 그게 내 어린 시절을 지배했다. 나 자체로 얼마든지 멋지고 아름다웠음에도 말이다.

이제는 안다. 나를 부정하는 누군가의 말에 함부로 타협해선 안 된다는 걸. 내 자녀들도 그렇게 될 수 있어야 한다는 걸. 나를 부정하는 말을 하는 부모나 세상 누군가 앞에서 당당해져야 한다. 부정적인 그의 말에 대항할 수 있어야 한다. 자신에 대한 부정이 바로 내가 행한 일로 인해 생겼다 할지라도 나 자신의 근본적 가치를 훼손할 이유가 되는 건 아니다.

이제 나는 나를 부정하는 말을 피하지 않고 그 말들과 싸운다. 그게 진정으로 나 자신을 사랑하는 것임을 알기 때문이다. 우리 아이들도 자신을 부정하는 세상 모든 말과 싸우도록 격려해야 한다. 그것이 자신을 사랑하는 법이고 자존감을 높이는 방법이기 때문이다.

자신을 사랑하는 건 사람에게 주어진 의무다. 자신에 대한 사랑을 지키기 위해 나를 방어하는 건, 세상 그 무엇과도 바꿀 수 없는 권리이기도 하다. 안젤루가 일상에서 겪었던 일로 인해 갖게 된 생각 역시 마찬가지였다.

어느 날 안젤루는 자신의 소설을 드라마로 만들고 싶다는 방송사 프로듀서를 만나게 된다. 처음이라 아마 서먹했을 것이다.

안젤루가 먼저 인사를 했다.

"이 레스토랑에서 만나니까 좋네요. 개인적으로 좋아하
는 곳이거든요."

그런데 생전 처음 만나는 방송사 프로듀서의 말이 뭔가 삐딱
했다.

"전 몇 년 만에 와 봤어요. 마지막으로 왔을 때 분위기가
너무 따분해서 무슨 할머니네 집에 온 것 같은 기분이 들었
던 게 생각나네요."

얼핏 생각하면 아무것도 아니지만 자신이 사랑하는 공간을
이유 없이 폄하하는 말에 기분 좋을 사람은 없다. 내가 한 잔의
커피를 마시고 있다고 해 보자. 누군가가 앞에 있기에 "이 커피,
내가 좋아하는 커피야."라고 말했더니 상대방이 "아, 그 커피….
싸구려 아니야? 차라리 수돗물을 마시겠다."라고 말한다면 과연
그 기분이 어떨까.

나는 위협당하는 순간에 그것에 대항하여 이기겠다는
각오로 싸우는 사람이다.

안젤루 역시 화가 났다. 자신의 취향을 말한 것뿐인데, 처음
만난 사람에게 자신이 좋아하는 장소를 폄하당한 느낌에 불쾌
했다. 그는 가만있지 않았다. 프로듀서의 계약 조건을 듣지도 않
은 채 하지 않겠다고 말했다. 당황하는 프로듀서를 보면서 이렇
게 거절의 이유를 밝혔다.

"그쪽 회사에서 내 단편 소설을 TV 드라마로 만들고 싶
다고 했죠? 거절해야겠네요"

여전히 혼란스러운 표정의 상대방을 보며 안젤루는 한마디를
더 보탰다.

"장담하건대 나 같은 사람을 적으로 만들고 싶진 않을걸
요. 나는 위협을 당한다 싶으면 이기겠다는 각오로 싸우는
사람이거든요. 내가 그쪽보다 서른 살이나 많고 다혈질로
유명하다는 건 까맣게 잊어버릴 정도로요."

그리고 그 관계는 끝났다. 물론 그의 소설을 드라마로 만들고 싶다는 제안을 놓치기는 아까웠을 것이다. 하지만 인생을 살다 보면 돈과 명예 앞에서 당당하게 거절을 선언할 때도 있어야 하는 법이다. 아무리 자신의 소설이 드라마로 만들어져 원작자로서 인지도가 올라가고 소설이 더 많은 사람에게 알려지고 돈을 더 많이 벌게 될 가능성이 있다고 하더라도, 인간적 가치를 무시당하면서까지 누군가의 갑질에 희생당할 이유는 없다.

자신을 충분히 사랑할 줄 아는 사람은
언제나 자기방어에 대한 준비가 되어 있다.

'지금 그리고 여기'에서의 평화와 행복은 중요하다. 안젤루가 그랬던 것처럼 우리 역시 자신의 가치가 훼손당하는 순간에 가만있지 않아야 한다. 나를 보호할 수 있는 건 결국 나 자신뿐이니까. 우리 아이들도 마찬가지다. 그들이 세상의 합리적이지 않은 지적에 대해 당당하길 바란다. 자신의 존재를 있는 그대로 인정하지 않는 사람과 투쟁할 수 있는 당당함이 있기를 원한다. 필요하면 다소 과격한 행동을 하더라도.

"나는 폭력 사건에 가담하는 걸 자랑스러워한 적은 없다. 하지만 누구라도 필요하면 언제든지 자기방어를 할 수 있을 만큼은 준비가 되어 있어야 한다고 생각한다. 그러기 위해서는 자기 자신을 충분히 사랑해야 한다."

안젤루의 책《딸에게 보내는 편지》의 제목만 보고, 나는 안젤루가 자기 딸에게 보내는 글인 줄 알았다. 하지만 확인해 보니 안젤루는 아들 하나를 뒀을 뿐이었다. 그렇다면 책 제목 속의 딸은 도대체 누구인가. 그렇다. 자신이 딸처럼 여기는 세상의 모든 여성에게 감사의 뜻으로 쓴 책이었다. 1900년대 초반에 태어나 중반에 이르는 동안 여성으로서, 흑인으로서 그가 겪었던 고통을 극복하는 과정에서 얻은 삶의 철학을 쓴 글이었다.

그래서일까. 안젤루의 말은 가끔 전투적이다. 폭력을 정당화하는 것 같아 당황스러울 때도 있다. 하지만 최소한 "자신을 사랑하는 사람은 언제든 자기방어를 할 준비가 되어 있어야 한다."는 말에는 백퍼센트 동의한다. 한편으로 아빠인 나는 물론이고 내 아이들 역시 인생의 중요한 순간마다 이 말을 기억하길 바란다. 정당하게 생활하는 나를 세상으로부터 방어하고, 그 누구보다도 소중한 나를 사랑하는 일이니 말이다.

헤어짐으로부터 배우는 지혜
"사랑하는 사람과 헤어지는 순간
인생에서의 중요한 가치를 알게 되었다."

어렸을 때 나에겐 소중한 것들이 있었다. 야구공과 야구 배트가 소중했고, 학교를 다녀오면 앞마당에서 늘 나를 반갑게 맞아주는 강아지 해피도 소중했다. 혼자 하루의 일을 비밀스럽게 적어 둔 작은 노트도 소중했음은 물론이다. 그렇다. 모두 다 소중한 것들이다. 그런데 그것들이 어느 날 갑자기 내 품에서 사라진다면 얼마나 마음이 아플까.

사람은 얻을 때보다 잃을 때 무엇인가를 배운다. 나에게 소중한 사람이 떠나는 건 얼마나 슬픈 일인가. 하지만 만남이 있으면 헤어짐도 있는 법, 헤어짐이 있기에 지금의 만남을 소중히 여길 수 있는 것이기도 하니 이별을 애써 부정할 이유는 없다.

안젤루는 헤어짐의 의미를 긍정적으로 해석할 줄 아는 사람이었다. 나이를 먹으면서 그는 수십 년 동안 함께한 친구들과의 가슴 아픈 이별에 직면한다. 인생의 가장 달콤하고 가장 쓰라린 교훈을 같이 배운 친구가 세상을 떠나는 걸 지켜보는 일이 잦아진다.

그도 처음엔 사랑하는 사람을 잃었다는 사실을 있는 그대로 인정할 수가 없었단다. '왜 하필 이 사람이?'라는 생각에 치밀어 오르는 분노를 어쩔 줄 몰라 하기도 했다. 하지만 이겨 냈다. 떠난 사람과의 이별 그 자체에 집중하기보다 떠난 사람에게서 무엇을 배웠고 앞으로 무얼 배워야 하는지에 대해 스스로 묻고 고민할 줄을 알면서부터.

안젤루는 이야기한다. '나를 떠난 그 사람이 남긴 유산 중에 어떤 것이 훌륭한 인생을 사는 데 도움이 될까?'라는 생각에 집중하라고 말이다. 그리고 아픈 이별을 통해 오히려 자신을 좀 더 나은 방향으로 변화시킬 수 있다고 충고한다. 예를 들어 그는 자신이 이별로부터 얻은 유산을 이렇게 말한다.

"나는
좀 더 다정해지고
좀 더 참을성이 많아지고
좀 더 너그러워지고
좀 더 부드러워지고
좀 더 웃음이 많아지고"

사랑하는 사람이 떠났을 때 안젤루는 주저앉는 대신에 다정해지기를 선택했고, 참을성이 많아지기를 희망했으며, 너그러워지려 했고, 부드러움의 길에 섰으며, 더 많은 웃음으로 세상과 소통하려고 했다. 사랑했던 사람이 남긴 좋은 것들 중에서 가장 좋은 것만을 찾아내어 자신의 삶의 태도에 반영시킨 결과다.

헤어진 그 사람으로부터 다정함과 참을성, 너그러움과 부드러움, 그리고 세상을 대하는 따뜻한 웃음을 배울 수 있었다.

뿐만 아니라 그는 자신이 성장할 수 있도록 도와준, 하지만 지금은 자신의 품에서 멀어진 무엇인가를 위해 적극적으로 감사하는 마음을 가질 줄도 알았다.

"사랑하는 사람들이 남긴 유산을 받아들이면 나는 이렇게 말할 수 있으리라. 그들에게는 사랑해 줘서 감사했다고, 하느님께는 그들을 보내 주셔서 감사했다고."

솔직히 말해서 나는 아직 사랑하는 사람과 이별할 자신이 없다. 하지만 이젠 좀 더 아름다워지기 위해서라도 받아들이는 연습을 해야 할 것 같다. 연습이 있어야 지금 나를 사랑하는, 내가 사랑하는 사람들을 더욱 사랑할 줄 알게 될 테니 말이다. 떠난 누군가를 그리워하면서도 한편 그로부터 배운 것들을 통해 지금 살아남은 모든 것을 사랑하는 것. 그것이 우리가 배워야 할, 삶을 바라보는 바람직한 자세가 아닐까.

나를 사랑해 준 모든 사람에게 말하고 싶다.
"감사합니다."

지금 우리 아이들은 과거와 달리 성장 속도가 빠르다. 오로지 몸의 성장만이 아니다. 정신과 마음의 성장 역시 우리가 초등학교, 중학교를 다닐 때와는 비교할 수 없이 큰 폭으로 변한다. 아이들이 성장한다는 건 부모의 손이 필요한 날이 얼마 안 남았음을 뜻한다.

우리는 언젠가 사랑하는 아이와 어떤 식으로든 헤어질 수밖에 없다. 그렇다면 부모는 아이에게 무엇을 남겨 줄 수 있을까. 다정함과 참을성, 너그러움과 웃음을 남길 수 있을까. 아이가 부모인 우리 모습에서 세상을 살아갈 때 도움이 될 무엇인가를 하나라도 얻을 수 있을까.

불편하면 그 불편함을 일으킨 상대방에게 직접 말할 것
"어쩔 수 없다면서 스스로에게 변명하지 않는다."

안젤루는 대학교수로도 일했다. 그가 교수직을 수행하면서 겪은 에피소드 하나가 재밌다. 강의를 마치고 학생 휴게실에 들렀을 때 한 백인 학생이 찾아와서 한 흑인 학생에 대해 이렇게 투덜대더란다.

"저는 열아홉 살이고 앞으로 어른이 되겠지만 엄격하게 말하면 아직은 아이잖아요. 그런데 저기 저 친구는 제가 아이라고 부르면 화를 내요. 저랑 동갑인데도 말이죠. 왜 그럴까요?"

나라면 뭐라고 대답했을까?

"응? '아이'라고 부르면 기분이 나쁘니?"

"걔랑 원래 친하지 않은 것 같구나."

"그게 무슨 문제라고⋯."

안젤루의 대답은 '쿨'했다.

"당사자가 저기 있는데, 직접 물어보지 그래요?"

뭔가 허탈하면서도 정확한 답변, 우문현답(愚問賢答)이라는 말은 이럴 때 쓰는 게 아닐까.

이번엔 한 흑인 학생이 안젤루를 찾아왔다. 그는 한 백인 학생을 지적하면서 이렇게 말했다.

"저는 고등학교를 수석으로 졸업했어요. 우리말을 잘한다고요. 그런데 왜 저 친구들은 잘 알아들을 수도 없는 사투리를 제가 듣고 싶어한다고 생각하는지 모르겠어요."

안젤루의 대답은?

"그 친구들이 저기 있는데, 직접 물어보지 그래요."

아무것도 아닌 에피소드라고 할 수도 있다. 하지만 나에겐 별것 아닌 이야기가 아니었다. 불편한 일이 있을 때 그냥 무덤덤하게 받아들이는 것을 미덕으로 알고 살았기 때문이다. 그래서일까. 부당한 일을 당해도 상대방에게 말하는 걸 두려워했다. 나의 두려움 뒤에는 귀찮음이 있었던 것 같다. 귀찮음은 게으름을 포함한다. 그렇다. 나는 게을렀다.

용기가 없었나 보다. 그래서 세상에 맞설 줄을 몰랐다. 불편한 사람과 함께 있게 되면 그냥 자리를 피하거나 괜히 엉뚱한 사람에게 하소연을 했다. 나아가 답답한 나 자신을 미워하기만 했다. 마음에 안 들면 그냥 말하면 되는데. 어쩔 수 없다고 지레 겁먹을 필요가 없었는데 말이다.

　내 아이들만큼은 자기의 일에 관한 한 스스로, 그리고 적극적으로 얘기할 줄 아는 사람이 되길 바란다. 직접 말할 수 있는 시간과 공간이 있음에도 불구하고 외면하면서 또 다른 누군가에게 하소연하는 건 용기 없음을 드러내는 일임을 알기 바란다. 말할 수 있으면 직접 자신이 얘기할 줄 아는 아이가 되었으면 좋겠다. 말해야 상대방이 알아듣는다.

　나의 불편한 점을 나보다 더 잘 해결할 수 있는 사람은 없다. 그럼에도 엉뚱한 사람에게 나의 불편함을 떠넘기는 태도는 옳지 않다. 우리의 아이들도 이제 일상에서 하나둘 자신의 불편함과 마주할 순간이 잦아질 것이다. 그때 그 불편함을 무시하지 말고, 외면하거나 묵혀 두지 말고, 자유롭게 얘기할 수 있어야 한다. 누군가와 직접 마주치는 것을 두려워하면서 말할 기회를 다른 사람에게 넘기면 바로 그때부터 변명에 급급한 자신을 만나게 된다.

세상에 모든 부조리한 것들에 대해
'어떻게 생각하느냐?'고 물어본다.

나는 안젤루가 가장 좋아했던 단어로 '용기'를 꼽고 싶다. 책에서도 몇 번 용기라는 단어가 나오지만 유튜브에서 찾아본 그의 생전 동영상에도 용기라는 말은 자주 나온다.

"Courage is the most important all of the virtues."

용기야말로 가장 중요한 미덕이라는 말이 인상 깊다. 아마 그가 살아온 시간을 그대로 대변하는 단어 아닐까 싶다. 실제로 안젤루가 살았던 때는 웃는 얼굴 뒤로 인종 차별이 존재하고, 여자를 가리켜 예쁜 그릇이라고 표현하는 부류가 여전히 존재하던 시기로, 지금으로부터 50년 전이다.

안젤루는 가만히 있지 않았다. 더 좋은 세상을 위해 변화해야 할 시기로 인식했다. 정의에 맞지 않는 누군가의 말과 행동을 모른 체하며 무심하게 살아가는 사람도 있기 마련이지만 안젤루는 달랐다. 수동적인 태도를 거부했다. 그 당시 알게 모르게 차별받던 흑인에 대한 대우에 대해, 사회적 약자로 살아가야 하는 여성의 역할에 대해 그는 분노했다.

그가 택한 것은 무엇이었을까. 주변 사람들과 만날 때마다 자신이 생각하는 사회의 불합리한 측면에 대해 이야기를 나누는 것으로 작은 투쟁을 시작해 나갔다.

"나는 예전에 노스캐롤라이나를 방문했을 때 영문학과 장인 엘리자베스 필립스를 비롯해 다른 교수들과 안면을 익혀 놓은 상태였다. 그래서 저녁 식사나 점심 식사를 마치고 남는 시간에 궁금했던 부분을 그들에게 물었다. 인종 차별에 대해 어떻게 생각하는지. 정말 백인에 비해 흑인이 열등하다고 생각하는지. 흑인은 전염병을 가지고 태어나기 때문에 버스 옆자리에 앉아도 위험하다면서 어떻게 그들에게 밥상을 차리게 하고 심지어 아이들에게 젖을 먹이는 것은 괜찮다고 하는지."

백인인 그의 친구들의 대답은 이러했다.

"솔직히 그 부분에 대해서는 고민해 본 적이 없어요. 예전에 그랬으니까 앞으로 그렇겠거니 싶었죠."

안젤루는 자신의 생각을 친구들에게 무작정 강요하지 않았다. 그렇다고 가만있지도 않았다. 자신이 무엇을 해야 할지에 대해 분명히 알고 그것을 위해 노력하기로 결심한 것이었다.

"그들의 대답을 듣자 인간의 덕목 중에서 가장 중요한 것이 용기라는 믿음이 더욱 분명해졌다."

인간이 가져야 할 덕목 중에서 가장 중요한 것은 '용기'다.

그는 더 나은 세상이 되기 위해서 우리에게 필요한 것이 '용기'라고 했다. 정당하지 않은 것을 그대로 받아들이는 것은 '비겁'이라고 평가했다. 그는 약자가 용기 내는 것을 비웃는 누군가에게 반드시 저항해야 한다고 말한다. 저항의 정당성을 설명하고 이해시켜야 한다고 주장한다.

진정한 용기는 잘못을 모르는 상대방에 대한 최선의 예의다. 상대방의 문제조차도 감싸고 내가 먼저 상대방의 손을 잡아 줄 수 있는 결단이기도 하다. 삶을 따뜻하게 살아가는 사람들은 이런 용기를 가지고 있다. 겸손하게 머리를 숙이는 것, 절망 끝에서 과감히 앞으로 나아가는 것 등이 모두 용기다.

늪과 같은 불편한 현실을 외면하고 회피하는 대신, 세상 사람들을 붙잡고 말하며 토론하고 바꿔 나가려 한 안젤루의 용기는 아름답다. 대화를 시작하기 전에 어쩔 수 없을 것 같다는 걱정이 밀려와도 계속 대화를 이끌어 나가던 그의 담대함이 멋지다. 부모인 우리와 자녀들 마음속에도 안젤루의 용기가 함께하기를 바란다.

② 프란츠 카프카 《아버지께 드리는 편지》 (은행나무)

프란츠 카프카(Franz Kafka, 1883-1924)

오스트리아 · 헝가리 제국 출신의 유대계 독일 작가다. 현대 사회 속 인간의 존재와 소외, 허무를 다룬 소설가로, 《변신》, 《소송》, 《아버지께 드리는 편지》, 《심판》 등 저서를 남겼다.

꽃으로도 때리지 말 것

프란츠 카프카 《아버지께 드리는 편지》

| "아버지에게 나는 아무것도 아닌, 하잘것없는 존재였구나."

프란츠 카프카(Franz Kafka). 빈센트 반 고흐와 같이 예술적 감각이 시대를 앞서간 천재 중의 천재로 평가되는 인물이다. 유대계의 독일 작가로서 인간 운명의 부조리, 인간 존재의 불안을 통찰하여, 현대 인간의 실존적 체험을 극한에 이르기까지 표현하여 실존주의 문학의 선구자로 높이 평가받았다. 대표작으로는 《변신(變身)》이 유명하다.

카프카의 작품은 수많은 작가에 의해 그 가치가 재발견됐다. '프랑스의 지성'이라 불리는 사르트르도 카프카의 작품을 극찬했다고 한다. 《백년 동안의 고독》으로 노벨문학상을 받은 가브

리엘 가르시아 마르케스는 카프카의《변신》을 읽고 작가가 되기로 결심했다. 일본 작가 무라카미 하루키는 아예 카프카의 이름을 자신의 제목에 사용한 소설《해변의 카프카》를 썼다.

개인적으로는 카프카의 소설을 읽기가 그리 만만치 않았다. 지적 수준이 카프카의 사상을 따라가기 벅찬 게 일차적 원인이지만 감정적으로 그의 작품을 읽기가 불편했던 것도 이유 중의 하나다.

카프카의 소설에선 왠지 모를 무기력과 절망이 강하게 느껴졌다. 그 무엇을 해도 잘 풀리지 않는 한 개인의 답답함이 대체로 작품 전반에 걸쳐 있다. 마치 어딘가로 달아나려고 온 힘을 다하지만 발이 떨어지지 않았던 악몽의 기억처럼.

하나의 작품은 어쩔 수 없이 그 작품을 쓴 작가의 경험을 반영한다. 알고 보니 카프카와 그의 아버지는 관계가 건강하질 못했다고 한다.

누군가는 말했다. "카프카는 죽을 때까지 그를 평생 괴롭혔던 아버지의 억압에서 벗어나지 못했다." 그래서일까. 카프카의 소설에는 자신을 무기력하게 만들었던 아버지를 대신한 '누군가' 혹은 '무엇인가'가 등장한다. '누구' 혹은 '무엇'은 내용 속의 주인공을(보통은 소시민이다) 어떤 식으로든지 괴롭힌다. 주인공은 아무런 대응도 못하고 무력감에 허덕인다.

언젠가 카프카의 작품인 《소송》을 읽고 토론하는 모임에 참여할 기회가 있었다. 줄거리는 이렇다. 자신의 서른 번째 생일날 아침 하숙집에서 누군가에게 갑자기 체포된 주인공 '요제프 K'는 1년 동안 자신도 알지 못하고, 그 누구도 알려주지 않는 어떤 죄로 인해 법원과의 소송에 휘말린다. 그러다 결국 서른한 번째 생일날 밤에 처형당한다.

누구도 알지 못하는 이유로 1년 동안 끝이 보이지 않는 소송에 휘말리는 과정을 그린 이 소설은 현대 사회의 끊임없는 구속과 억압, '얼굴을 드러내지 않는 관료주의'가 지휘하는 부조리함 속에서 개인이 겪는 무력감을 담아냈다.

이 책의 토론 과정에서 나는 주인공인 '요제프 K'의 절망이 바로 아버지로부터 비롯되었던 카프카의 절망을 닮았다는 해석이 있음을 알았다. 억압적이었던 자신의 아버지를 그대로 작품에 투영한 것이다.

그러다 카프카가 쓴 편지 모음인 《아버지께 드리는 편지》를 읽었다. 이 책에는 아버지를 향한 그의 마음이 숨김없이 드러나 있다. 회상하듯 말하는 이야기 속에는 아버지의 폭력성에 대한 막연한 공포와 아쉬움이 담겨 있었다. 카프카가 어렸을 적에 아버지로부터 당했던 한 일화를 소개하는 장면은 서늘했다.

어느 날 카프카가 갈증이 난다면서 아버지께 투정을 부렸나 보다. 자기가 직접 물을 마시면 되지 그걸 왜 아빠한테 투정을 부렸을까, 하는 의구심은 일단 뒤로 하자. 문제는 갈증이 난다는 카프카를 향한 아버지의 행동이었다. 아버지는 훌쩍거리는 카프카를 침대에서 들어 올려 복도로 내쳤단다. 그것도 모자라 복도에서 속옷 차림으로 혼자 서 있게 했단다. 오랜 시간이 지나 카프카는 그때의 일을 책에서 이렇게 회고했다.

"물을 달라고 졸랐던 것은 별다른 의미가 없는 행동이었어요. 그런데 그 행동이 어찌해서 밖으로 쫓겨나는 끔찍하게 무서운 일로 귀결될 수 있었는지요. 저는 나름대로 그 두 가지 일 사이의 적절한 연관성을 이해해 보러 했지만 그럴 수 없었어요. 그 후 몇 년이 지나도록 저는 고통스러운 생각에 시달려야 했습니다. 최고의 권위를 가진 심판자인 나의 아버지가 어떻게 나를 침대에서 들어 올려 복도로 내칠 수 있었을까?"

최고의 권위를 가진 심판자인 아버지가 굳이 그럴 이유
가 없는데도 어떻게 나를 내칠 수 있었을까?

아버지에겐 카프카가 다 큰 아이로 보였을 수 있다. 그래서 다
큰 아이가 물을 달라고 한 행동은 있어서는 안 될 모습이었을 수
도 있다. 잘못된 행동을 고치기 위해서 한번 본때를 보여 줄 필
요가 있었다고 그의 아버지는 변명할지도 모르겠다. 하지만 카
프카는 그저 '갈증이 난다'라고 얘기했을 뿐이다. 하지만 돌아온
것은 폭력이었다. '물을 달라고 함'과 '복도에 내동댕이쳐짐'의
연관성을 어린 그의 마음은 감당할 수가 없었다.

> "그러니까 나는 아버지께 그토록 아무것도 아닌, 하찮것
> 없는 존재였구나. 이런 아픔에 부대꼈습니다."

가슴이 섬뜩했다. 카프카 아버지의 행동이 섬뜩하다는 게 아
니다. 아버지의 행동을 회상한 후 그것을 해석하는 카프카의 생
각이 섬뜩했던 거다. 나를 돌아보게 되었다. 솔직히 말하면 나
역시 체벌이 필요할 때는 사용해도 된다고 생각하는 아빠였다.
순간적으로 매를 들었던 때를 분명하게 기억한다. 그때마다 나

는 자신을 정당화했다.

'지금 이 순간에 아이에게 매를 대지 않으면 아이는 더 위험한 순간을 맞이하게 될지도 몰라.'

나의 잘못된 행동과 아버지로부터 당한 끔찍한 체벌,
그 두 가지 일 사이의 적절한 연관성을 이해해 보려 했지
만 남는 건 오로지 고통스러운 생각뿐이었다.

폭력은 폭력을 낳는다. 그리고 폭력과 진실은 아무런 관계도 없다. 반성한다. 무조건 내 잘못이다. 매는 그 어떤 의미로도 정당화될 수 없다. 매를 들고 싶은 마지막 순간까지 나는 참아야 했다. 아니 마지막 순간을 설정하는 것도 문제다. 매를 혐오했어야 했다. 아이들은 매와 자기 잘못의 연관성을 받아들이기에는 여전히 어리다.

아버지의 폭력은 그의 일생을 지배했다. 아버지의 몸집만으로도 아이들은 기가 죽을 수 있다. 그런데 폭력이 더해진다면 그 기억은 평생을 간다. 즐겁고 아름다운 기억 대신, 피하고 싶으며 두려운 경험이 가득한 아이가 된다는 말이다.

한 폭군이 있다고 해 보자. 그가 나를 껴안으려고 다가온다면

나는 두려워한다. 그가 지금은 나를 껴안지만 언제 변할지 모르기 때문이다. 우리 아이들을 꽃으로도 때리지 말아야 할 이유다.

자녀를 둔 아버지가 절대 해서는 안 될 세 가지
"아버지의 분노와 그 분노의 대상이 되는 사건 사이에는
적합한 인과관계가 없었다."

반면교사(反面敎師): 다른 사람이나 사물의 부정적인 측면에서 가르침을 얻는다는 말.

타산지석(他山之石): 다른 산의 나쁜 돌이라도 산의 옥돌을 가는 데에 쓸 수 있다는 말.

잘못된 남의 말이나 행동도 자신의 지식과 인격을 수양하는 데에 도움이 될 수 있음을 비유적으로 이르는 옛말이다. 카프카의 책《아버지에게 보내는 편지》는 지금을 살아가는 아버지 모두에게 보내는 과거로부터의 반면교사요, 타산지석이 아닐 수 없다. 자녀를 가진 부모라면 꼼꼼히 읽으면 읽을수록 고개를 푹 숙이게 된다.

수없이 많은 자녀 교육 책이 "부모는 ~을 해야 한다."를 말한다. 그런데 이 책은 "부모는 ~을 하면 안 된다."를 날것 그대로 보여 주는 교과서와 같다. 사례 하나하나가 내게 하는 말 같아서 얼굴이 붉어진 적이 한두 번이 아니다. 카프카가 말하는 나쁜 아버지는 다름 아닌 나였기 때문이다. 그의 얘기를 들으며 좋은 아버지, 아니 최소한 나쁘지 않은 아버지로 변신하는 기회로 삼자고 결심했다.

우선 '솔선수범'에 관한 문제다. 개인적인 얘기를 꺼내야 하겠다. 나는 입이 거칠다. 언제부터의 말버릇인지는 모르겠지만, 추측컨대 중학교 때 친구들로부터 받은 영향 때문이 아닐까 한다. 그때는 왜 그랬을까. 쌍욕 섞어 말하는 것이 어른의 상징이라고 생각했다. 그런 바보스러움을 나는 왜 멋짐으로 받아들였던 걸까.

성인이 되어서까지 내 말투는 잘 고쳐지지 않았다. 얼핏얼핏 나오는 욕설로 인해 친한 친구들 사이에서 '욕쟁이'로 불리기까지 했다. 그러나 다행스럽게도 고치고 싶은 마음이 생겼고 고쳐 나갔고 지금은 상당 부분 고쳤다. 하지만 아쉽다. 이미 내 아이들이 내가 하는 욕을 듣고 느꼈을 감정은 다시 물릴 수 없으니까.

카프카의 아버지도 욕하는 버릇이 있었나 보다. 아들이 빤히 보고 있어도 타인을 향해 심하게 욕을 하곤 했다. 그런데 카프카 아버지의 태도가 우습다. 그는 타인이 욕하는 것에 대해서는 나쁜 짓이라고 비난하면서 정작 자신이 욕을 하는 건 대수롭지 않게 여겼다.

> "아버지는 가게에 계실 때, 제가 있는 곳 가까운 데에서 다른 사람들에게 심하게 욕을 해대셨어요. 저는 질겁했죠. 그런데 아버지는 다른 사람들이 욕을 할 때는 나쁜 짓이라고 판정을 내리셨습니다."

부모라면 자신의 말을 통제할 수 있어야 한다. 내가 하는 말이 아름답지 못한데 아이의 입에서 나오는 언어가 아름답기를 기대한다면 그것이야말로 도둑놈 심보 아닌가.

아버지는 자신의 욕에 대해선 생각하지 않았다. 대신 다른 사람들이 욕을 하는 경우에는 나쁜 짓이라고 판정했다.

다음으론 '통제'의 문제다. 혹시 자녀에게 "커서 뭐가 되고 싶어?"라고 물은 적이 있는가. "게이머요!"라는 답변을 들었다면 당신은 뭐라고 얘기해 줬을까.

"그게 아무나 하는 게 아니야. 젊었을 때야 모르지. 나이 들어서도 계속 게임을 할 수 있을 것 같아? 나중에 쓰레기나 주우면서 살 거니?"

혹시 아이의 꿈에 대해 진지하고 성실하게 이야기를 나누기보다 아이가 꾸는 꿈의 쓸모없음을 입증하는데 열을 올리고 있지는 않았던가.

"아버지의 마음에 들지 않는 어떤 일을 하기 시작하면 아버지께서는 제가 하는 일이 실패할 것이라고 겁을 주시곤 했습니다. 저에게는 아버지의 의견 자체가 지극히 절대적인 것이었기에 당장은 실패가 눈앞에 보이지 않을지라도 필연적으로 닥칠 것이라고 생각했지요. 결국 저 자신의 행동에 대한 신뢰를 상실하게 되었습니다. 저는 늘 안정을 찾지 못했고 저 자신을 의심했습니다."

내 어릴 적 꿈은 무엇이었을까. 꿈이 내 세계를 짓밟아서도 안 되지만, 꿈은 결국 내 안에서 실현될 수 있는 어떤 것이다. 그 꿈은 사람에 따라, 나이에 따라, 위치에 따라, 주변 환경에 따라 모두 다르다.

꿈은 변한다. 변하는 꿈을 함께 인정해 주지는 못할망정 아이의 꿈을 좌절시킬 권리가 부모에게 있을까.

카프카의 아버지처럼 자신의 마음에 들지 않는다고 아이의 꿈을 우습게 여기는 것은 부모로서 정말 조심해야 할 태도다.

아버지의 마음에 들지 않는 어떤 일을 하기 시작할 때
아버지는 말씀하셨다.
"네 일은 실패할 것이다."

마지막으로는 '논리'의 문제다. 원인이 있으면 결과가 있다. 이를 '일관성'이라고도 할 수 있겠다. 세상에서 가장 힘든 일이 아무 이유 없이, 아무런 대비도 없는 상황에서 스트레스를 받을 만한 일이 벌어지는 경우다.

그런데 우리는 각자의 자녀에게 아무런 이유 없는 상황을 시시때때로 만들어서 건넨다. 그리고 그로 인한 스트레스를 스스로 견디게 만들고 버티지 못하면 약하다는 말로 벌을 주곤 한다.

이는 특히 부모가 자녀에게 분노를 표현하는 장면에서 빈번

하게 발생한다. 카프카 역시 아버지로부터 이유도 없고, 논리도 없고, 일관성도 없으며, 어처구니없는 일들을 수없이 겪었다.

카프카는 친구인 엘리의 작은 실수에 대해 아버지가 "저 인간은 식탁에서 10미터쯤 더 떨어져 앉아야 할 거야. 저 뚱보 말이야."라며 분노에 찬 적대감을 나타내던 일을 기억하며 이렇게 회고했다.

> "아버지의 분노와 그 분노의 대상이 되는 사건 사이에는 적합한 인과관계가 없었습니다. 아버지의 분노가 식탁에서 멀리 떨어져 앉아 있는 친구의 행동처럼 하찮은 일에서 초래되었다고는 생각되지 않았습니다. 일체의 분노는 원래 아버지께 있었습니다. 다만 엘리의 모습이 우연히 아버지의 분노를 촉발하는 꼬투리가 되었을 뿐이죠."

어쩌다 보니 카프카의 아버지를 비난하게 되었다. 늦은 고백이지만, 이렇게 비난하는 나 역시 카프카의 아버지보다 나은 사람이라고 장담할 수 없다.

다만 카프카 아버지 모습을 반면교사로 삼을 것이라고 다짐한다. 아니, 나는 카프카의 아버지를 위대한 자녀 교육 멘토로 삼을 것이다.

'자녀를 둔 아버지가 절대 해서는 안 될 일을 몸소 보여 준' 멘토로서 말이다.

아빠를 심판하는 사람은
가장 가까운 곳에 있는 자녀임을 잊지 말 것
"남 탓하고 있는 나를 바라보는 누군가가 있음을 알아차린다."

마음에 들지 않는 직장 상사가 저 멀리서 이쪽을 향해 다가오고 있다. 다행히 아직 그는 내가 있음을 알아차리지 못한 것 같다. 그때 당신의 행동은? 그렇다. 어디론가 피해 버릴 것이다. 건물로 숨던지, 화장실을 찾던지, 아니면 가까운 편의점으로라도.

카프카에게 아버지는 일종의 '만나고 싶지 않은 상사'였던 것 같다. 단순히 '아버지 그 자체'에 대한 두려움, 불쾌감, 짜증스러움 정도가 아니었다. 아버지와 연관된 모든 것들이 괴로움의 대상이었다. 카프카는 자신이 어느 순간부터 아버지를 떠올리게 만드는 모든 것으로부터의 도피하고 있음을 깨닫는다. 구멍가게를 운영하던 아버지의 공간 역시 회피 대상이었다.

처음부터 아버지의 가게가 카프카에게 회피의 장소는 아니었다. 오히려 정반대였다. 어렸을 적 어느 시점까지는 카프카의 '놀이터' 혹은 '쉼터'였다. 카프카는 저녁에 불이 켜지고 사람들로 활기가 넘치는 아버지의 가게를 좋아했다. 어렸지만 아버지를 도울 무엇인가를 상상하며 가게에 가기를 즐겼다.

카프카는 특히 아버지가 물건을 팔고 손님을 상대하면서 농담을 던지고 거래하며 문제가 생겼을 때 적절하게 결단하는 것을 자랑스러워했다.

아버지의 모습 하나하나가 카프카에게는 멋지고 신기한 교육 장면이었다.

"그뿐인가요. 아버지께서 상자를 묶거나 끄르는 솜씨도
놓칠 수 없는 구경거리였어요. 아버지의 가게는 어린 저에
게 더할 나위 없는 학습의 장소였습니다."

아버지의 일터는
어린 자녀에게는 더할 나위 없는 학습의 장소다.

하지만 어느 순간부터 카프카는 가게에서 벌어지는 모습을

보면서 불편해하기 시작한다. 도덕적으로 순결한 영혼을 가졌던 카프카는 아버지가 가게 종업원을 대하는 태도를 보면서 부조리를 느꼈다.

> "아버지는 전제 군주 같은 난폭한 행동을 보이셨어요. 다른 물건들과 뒤섞이지 않도록 골라내 카운터에 올려 두었던 물건을 단번에 쳐서 떨어뜨렸고 이를 점원들이 다시 집어 올려놓아야 했지요. 그뿐인가요. 폐병을 앓는 어떤 점원에게는 '저 병 걸린 녀석은 왜 안 뒈지는 거야. 개자식 같으니'라고 욕했지요. 그런 말투를 아버지는 늘 입에 달고 사셨습니다."

중2인 첫째가 언제부터인가 비속어를 쓰기 시작했다. 난 생각했다. '친구를 잘못 사귀었나 보구나!' 그리고 혼을 냈다.
"어떻게 그런 말을 쓰니. 친구의 행동에 '×소리' 라니!"
하지만 곧 그런 나를 반성했다. 내 입에서 나오는 말들이 중2 아이보다 충분히 거칠다는 것을 알았기 때문이다.
차를 운전하다가 슬쩍 끼어드는 차를 악착같이 밀어내면서 말했다.

"나쁜 놈의 ××, 어딜 들어와? 저 봐, 질서를 지키지 않는 놈들 꼬라지를 말이야."

아이들은 뒷자리에 앉아 거친 말을 고스란히 들어야만 했으니, 도대체 나는 무슨 짓을 한 걸까. 아이들에게 더 문제였던 사람은 누구였을까. 슬쩍 끼어들어 운전한 그 사람이었을까, 아니면 험한 말을 하며 흥분을 절제할 줄 모르는 아빠였을까.

> "아버지는 종업원을 '돈 받아먹는 원수들'이라고 부르셨
> 습니다. 제가 생각하기에는 그들이 '돈 받아먹는 원수들'이
> 되기 훨씬 전부터 아버지는 그들에게 '돈을 주는 원수'였다
> 고 생각합니다."

카프카는 아버지가 가게의 종업원에게 하대하는 태도를 보면서 마치 자신이 저지른 죄인 것처럼 안타까워했다. 더 나아가 아버지라는 절대적 권력의 소유자가 힘없고 약한 누군가에게 거리낌 없이 부당한 행동을 하는 걸 보면서 세상에 대한 혼란스러움을 느꼈다.

카프카는 남인데도 가족을 위해 일하고, 아버지를 한없이 무서워하면서 먹고살기 위해 일해야만 하는 가게의 점원들에게

연민을 느꼈다. 이 모든 것이 축적되면서 카프카는 결국 아버지, 그리고 아버지가 있는 공간 자체를 회피하기 시작했다.

종업원을 '돈 받아먹는 원수들'이라고 말해 왔다.
하지만 아버지가 그들에게 '돈을 주는 원수'였던 것이 먼저였다.

우리는 자주 남을 탓한다. 특히 부모는 자녀 보는 앞에서 누군가를 비난할 때 더욱 큰 목소리를 낸다. 하지만 다시 한 번 생각해 본다. 그 상황이 무작정 남 탓부터 할 것이었던가. 혹시 나 자신부터 질책을 받아야 할 상황은 아니었던가. 괜한 분노를 참지 못해 아무런 관계도 없는 사람에게 비난을 퍼붓고, 폭력적인 언어를 쏟아부었던 것은 아니었던가.

내가 잘했는지, 잘못했는지에 대한 심판관은 하느님, 예수님, 부처님이 아니다. 나를 심판하는 건, 나를 판단하는 건 아빠인 나를 가장 가까운 거리에서 지켜보고 있는 아이들이다.

말 한마디, 행동 하나도 섣불리 해서는 안 되는 이유다. 어디서든 말을 하기 전에, 혹은 무엇인가를 보여 주기 전에 혹시 사랑하는 아이들이 어느 곳에서, 어떻게, 나를 바라보고 있는지 한 번쯤은 미리 확인해야 할 것이다.

자녀가 기대어 푸념할 때 받아줄 수 있는 부모가 될 것
"인간이 달성할 수 있는 최고의 성취는 결혼하여 가정을 이루고 아이들을 이끄는 것이다."

당신의 목표는 무엇인가. 당신이 이루고 싶은 성취 중에서 가장 중요한 것은 무엇인가. 카프카에 의하면 우리는 이미 성취했다. 그것도 인간이 달성할 수 있는 최고의 성취를.

> "결혼한다는 것, 한 가정을 이룬다는 것, 태어나는 모든
> 아이들을 거두어 위태로운 이 세상에서 보호하고 또 약간
> 이나마 이끌어 주기도 한다는 것, 이는 한 인간이 달성할 수
> 있는 최고의 성취라는 것이 제 확신입니다."

카프카가 자신의 책에서 이런저런 이야기를 많이 했지만 이처럼 강한 어조로, '확신'이라는 단어까지 사용하면서 말한 것은 처음이자 마지막이 아니었을까 한다. 생각해 보면 참 아이러니

하다. 아버지와 소원한 관계였음에도, 정신적 그리고 물리적인 폭력에 희생당한 가정사가 있었음에도, 그는 오히려 결혼, 가정, 그리고 아이들에 대한 애정의 끈을 놓지 않았으니 말이다.

하지만 나는 카프카의 말이 역설적으로 결혼, 가정, 그리고 아이들이란 소중한 것들이 훼손당하는 현장에서 느낀 사람만의 깊은 통찰이라고 생각한다.

결혼, 가정, 그리고 아이를 키우려는 바로 그 순간마다 겪은 어려움이 극심했기에 오히려 그만큼 더 가정과 가족에 대해 애정을 품었던 것이라고 본다.

카프카가 사랑하는 여인과 결혼을 꿈꿨을 때의 일이다. 아버지는 카프카의 연인에 대해 축복은커녕 모욕만 실컷 했다. 결국 카프카는 그녀와의 결혼을 포기한다.

이후 카프카가 다른 한 여자를 만났다. 결혼하겠다는 뜻을 아버지에게 밝혔다. 그런데 또 다시 아버지의 반응은 차갑고 냉정했으며 무례했다.

"그 여자는 블라우스 한 벌도 고르고 골라서 입은 거야. 너는 겉모습만 보고 그 여자랑 결혼하겠다고 마음먹었을 테지. 최대한 빨리, 일주일 내로, 아니 내일, 아니 당장 오늘

이라도 하겠답시고 서두르고 있는 것이지. 도대체 널 이해

할 수가 없구나. 넌 다 자란 어른 아니냐. 도시 사람이고. 그

런데 아무하고나 결혼을 하고 싶은 게냐?"

아들이 사랑하는 여자를 아버지는 '아무나'라고 했다. 아들의

연인을 무시하는 태도가 고스란히 느껴진다. 카프카의 선택에

대해 모욕할 수 있는 극한까지 몰고 가서 비웃는 모습이 잔인하

다. 하지만 과연 우리라고 카프카의 아버지와 다르다고 할 수 있

을까. 우리는 자녀의 선택을 기꺼이 존중할 준비가 되어 있다고

장담할 수 있는가.

물론 카프카의 아버지가 카프카에게 거는 기대가 남다를 수

밖에 없었던 이유도 분명히 있다.

카프카의 아버지 헤르만 카프카는 어릴 적부터 병약하고 감

성적이었던 프란츠 카프카에 대한 걱정이 많았다. 게다가 자신

이 낳은 세 아들 중 두 명이 일찍 죽고 프란츠 카프카만 남았기

에 더욱 기대가 컸을 테다. 그럼에도 그것이 아들의 의견을 무작

정 무시할 수 있는 이유라고 보지는 않는다.

위태로운 이 세상에서 아이를 이끌어 주는 것,

이는 한 인간이 달성할 수 있는 최고의 성취다.

아버지의 모욕에 대해 아무런 대응도 하지 못했던 내향적 성격의 카프카, 결국 아버지의 말대로 자신이 사랑하는 사람과 결혼하는 것을 포기한다. 하지만 그 과정에서 받은 모욕감은 마음속 깊숙이 자리 잡는다.

아버지를 똑바로 바라보며 해야 했던 말들을 끝내 하지 못한 채 트라우마로 마음에 남는다. 그러다 결국 자신의 작품을 통해 아버지를 얘기한다.

"제 글쓰기의 주제는 아버지이십니다. 아버지의 가슴에 기대어 푸념하지 못하는 것들만 글에서 털어놓았을 뿐입니다. 글쓰기는 아버지와의 작별을 의도적으로 지연하기 위한 방책이었습니다."

카프카는 글쓰기를 통해 간신히 아버지로부터 벗어날 수 있었다. 결혼, 가정 그리고 사랑이라는 것을 제대로 느껴보지 못했던 지식인이 스스로 터득한 나름대로의 인생 기술이었다. 아이에게 글쓰기를 권장하자는 말이 아니다. 아이가 부모와의 관계에 있어 고통받고 자신만의 분출구를 찾아 나서기 전에 함께 대화하고 소통하는 부모가 되자는 말이다.

아버지의 가슴에 기대어 푸념하지 못하는 것들을
글에서 털어놓았을 뿐이다.

아이에 대한 부모의 마음, 당연히 욕심이 생기지 않을 수가 없다. 하지만 그 욕심이 자녀 인생에 대한 부모의 탐욕으로 변하는 순간, 부모와 자녀 사이의 갈등은 시작된다.

아이에게 부모가 약이 되기는커녕 독이 된다면 그만한 불행이 또 있겠는가. 하지만 여전히 부모는 자신의 잘못된 생각을 아이에게 강요한다. 그것이 아이를 불안하고 나약하게 만들며 결국 자기 비하에 이르게 하는 총체적인 압박이 되는지도 모른 채.

자녀의 이야기를 듣는 것, 자녀의 마음을 이해하는 것, 자녀의 선택을 존중하는 것보다 더 중요한 일은 부모에게 없다.

만약 자녀가 이야기하려는 주제가 사랑, 믿음, 그 밖의 인생의 중요한 가치에 관한 것이라면 더욱 그러하다. 하지만 우리는 과연 아이와 제대로 대화 나눌 준비가 되어 있는 것일까. 일상적인 아이의 선택 하나도 제대로 존중하지 못하지는 않았나.

"별것도 아닌 걸 얘기하는구나!"라면서 무시하는 말투로 아이를 대하지는 않았던가.

③ 벤저민 프랭클린 《벤저민 프랭클린 자서전》 (원앤원북스)

벤저민 프랭클린(Benjamin Franklin, 1706-1790)

'미국 건국의 아버지' 중 한 사람이자 출판가, 정치가이며 과학자이다. 과학을 존중하고 자유를 사랑했으며 《가난한 리처드의 달력》, 《벤저민 프랭클린 자서전》 등 저서를 남겼다.

3

어른의 대화에 아이를 참여시킬 것

벤저민 프랭클린 《벤저민 프랭클린 자서전》

"식사의 중심은 음식이 아니라 대화다."

"아버지께서는 근자에 프랭클린의 청년 시절에 대한 회고록을 읽으셨지요. 제가 아버지께 그 책을 읽어 보시라고 드린 것은 아주 의도적이었습니다. 그렇지만 아버지께서 빈정대신 것처럼, 채식주의에 대한 약간의 언급을 염두에 두고 그랬던 것은 아니에요. 실은 그 책에서 저자가 자기 아버지와의 관계에 대해 서술한 내용 때문이었습니다. 또 그 회고담이 자기 아들을 위해 쓰였다는 점 자체에서 드러나듯이, 저자와 아들의 관계를 의식했기 때문입니다. 하지만 그 세세한 사항들까지 이 편지에서 거론하지는 않겠습니다."

이 글은 바로 앞에서 살펴본 프란츠 카프카의 책에 있는 내용이다. 아버지의 폭력 속에서 카프카가 선택할 수 있는 것은 자신의 생각과 비슷한 내용이 담긴 책을 아버지에게 권유하는 것뿐이었나 보다. 하지만 책을 읽고 뭔가 달라지기 원했던 아버지로부터 받은 건 '빈정대는 말'이었다. 낙심한 카프카의 모습이 손에 잡히듯 그려진다. 책 한 권으로 사람이 달라지기 원했던 카프카를 순진하다 말할 수밖에 없는 걸까.

그렇다면 과연 카프카가 자신의 아버지에게 '아버지다워지기를 원하면서 읽어 보라고 권유한 프랭클린이라는 사람의 회고록'이란 무슨 책을 말했던 걸까. 그 책은 벤저민 프랭클린(Benjamin Franklin)의 자서전이다. 그는 미국의 정치가이자 외교관, 과학자이자 기업 경영자, 자연 과학자이자 교육자였다. 그는 평생 자유를 사랑하고 과학을 존중했으며 공리주의에 투철한 전형적인 미국인으로 일컬어진다.

그는 평범한 집안 출신이었다. 그의 아버지 조사이 프랭클린은 무려 열일곱 명의 자식을 낳았다. 그 중에서도 벤저민 프랭클린은 막내아들이었으며 아래로 누이동생 둘이 있었다. 열다섯번째 자식인 셈이다. 집은 그리 넉넉하지 못했다. 형들은 대부분 견습공 등으로 일했고 학교에 다니는 것도 만만치 않았다. 벤저민 프랭클린 역시 학교를 자퇴하고 열살 때부터 집에서 아버지의 일, 즉 양초와 비누 만드는 것을 도왔다.

하지만 그가 아무것도 배우지 못한 것은 아니었다. 아버지로부터 배웠고 책으로부터 배웠다. 학교를 대체할 배움의 방법을 스스로 터득한 셈이다. 특히 그는 식사 자리에서 아버지, 그리고 아버지의 지인들로부터 듣는 말 속에서 선하고 현명한 지식을 얻는다. 밥상머리 교육이었던 셈이다.

"아버지는 현명한 친구들이나 이웃을 초대해 함께 식사를 하며 이야기를 나누는 것을 좋아했다. 그럴 때면 아이들 인생에 도움이 될 만한 유용하고 창의적인 주제로 대화를 이끄셨다. 그렇게 올바르고 선하고 현명한 방향으로 자식들을 이끌려고 노력하셨다."

우리는 식사 자리에서 아이와 무슨 대화를 나누는지 되돌아보자. 나부터 고백한다. 아이들 인생에 도움이 될 만한 유용하고 창의적인 주제로 대화를 이끌지 못했다. 프로 야구 경기 결과를 보느라 스마트폰에 머리를 박고 있었던 때가 한두 번이 아니었다. 벤저민 프랭클린의 아버지는 달랐다. 비록 가난했지만 타인의 좋은 점을 얻기 위해 식사 자리를 마련했고 또 대화를 나눴다.

아버지는 아들의 인생에 도움이 될 만한 주제로 대화를
이끌었다. 식사 자리에서.

"저녁 식사의 중심이 대화로 쏠리다 보니 당연히 음식에
는 크게 관심이 쏠리지 않았다. 맛이 있건 없건, 제철에 나
는 음식이건 아니건, 양념이 제대로 쓰였건 아니건 간에 별
신경을 쓰지 않았다. 그런 환경에서 자라다 보니 지금까지
도 나 역시 식탁에 차려지는 음식에 무관심한 편이다. 뭘 먹
는지도 주의 깊게 보지 않아 식사 후에 무엇을 먹었느냐고
물으면 정확히 대답을 하기 힘들 정도다."

벤저민 프랭클린에게 아마 밥투정이란 없었을 것이다. '식탐'
혹은 '맛집을 찾아 헤매는 욕망'과는 거리가 멀었을 테다. 실제
로 그는 이렇게 말했다.

"매일 맛있는 음식에 길들여진 사람은 뭘 먹어도 불평불
만이 많은 법이다."

밥을 먹는 것을 보여 주는 영상 콘텐츠가 인기다. 소위 '먹방'이라고 하는데, 결국 인간의 원초적인 본능을 자극한다. 더 좋은 걸 먹고 싶고, 더 좋은 걸 먹기 위해 더 멀리 가 보고 싶은 욕망 말이다. 하지만 누구나 실컷 먹고, 실컷 놀 수 있는 것은 아니다. 쉽게 가질 수 없으니 더 간절히 원하게 되기 마련이다. 먹는 것 자체가 판타지가 될 수밖에 없다.

먹는 것이 판타지가 되어 버린 시대는 왠지 씁쓸하다. 온 가족이 모여 영상 너머의 누군가가 허겁지겁 무엇인가를 입에 집어넣는 걸 보는 모습은 상상만으로도 기괴하다. 대화는 사라지고, 먹방만이 뇌리에 박힌 가족의 모습은 피하고 싶다. 나는 지금 사랑하는 아이에게 '식탐'을 가르치고 있는가, 아니면 '대화'를 가르치고 있는가.

누군가를 이기기 위해 독서를 하는 것이 아님을 기억할 것
"대화에 있어 논쟁을 즐기지 않는다."

위대한 인물들의 가장 큰 공통점 중 하나가 취미로서의 독서가 아닌가 싶다. 세상 모든 사람이 책 읽기가 좋다고 하는 것을 보면 책이란 인간이 발명한 위대한 문화유산임이 틀림없다. 책을 즐겨 읽는 장년 남성에게 누군가가 물었단다. "다 늙어 무엇을 얻겠다고 책을 읽습니까?" 그의 대답은 이랬다.

"보다 나은 인간으로, 보다 마음 편히 세상을 떠나기 위해서 책을 읽습니다."

노년이든 청년이든, 어린이든 독서는 인격이 정장 차림을 하는 것과 같다. 젊어서 읽는 책은 책을 통해 내게 다가올 인생을 해석하기 위한 것이고, 나이 들어 읽는 책은 책을 통해 지나온 내 인생을 해석하기 위한 것이라는 말이 있다. 몸에 쌓인 노폐물과 독기를 빼기 위해서, 텅 빈 내 마음을 풍요로움으로 가득 채우기 위해서 책은 손에서 놓아서는 안 될 보물이다.

벤저민 프랭클린 역시 책 읽기를 좋아했다.

"나는 어릴 때부터 책 읽기를 좋아했다. 조금이라도 돈이 생기면 곧바로 책을 샀다. 그중에서도 존 번연의 《천로역정》을 가장 좋아했다. 처음으로 수집한 책도 존 번연의 작품들로 돈이 생길 때마다 낱권으로 사서 모으기 시작했다."

나는 돈이 생기면
곧바로 책을 샀다.

하지만 책을 읽는 것과 읽은 책을 누군가와 함께 나누는 건 또 다른 일이다. 자신이 읽은 책을 진정 자신의 것으로, 세상이 인정하는 방식으로 녹이는 방법은 누군가와 책에서 나온 이슈에 대해 논의하는 것이다. 벤저민 프랭클린 역시 책을 읽고 많은 사람과 이야기 나누며 많은 것을 배웠다. 단 독서하고 토론하는 과정에서 그는 한 가지를 깨닫는다.

"시내에는 나 말고도 책벌레로 소문이 난 존 콜린스라는 청년이 있었다. 우리는 친해졌고 가끔씩 만나서 토론을 하거나 서로의 의견에 논박을 하며 시간을 보냈다. 하지만 논쟁을 너무 즐기다 보면 나쁜 버릇이 들기 십상이다. 상대의 말에 반박하는 것이 습관이 되어서 자주 충돌하거나 상대의 기분을 상하게 만들어 불화를 부를 수 있기 때문이다."

그는 책을 혼자 읽는 것도 좋지만 그렇다고 해서 읽은 책을 통해 독단적인 태도에 빠지는 것을 경계했다. 그러한 태도로는 상대방을 설득할 수 없음도 깨달았다. 겸손함이 부족하면 분별력이 부족해짐을 알았다. 그에 따라 생기는 불화를 경계했다. 그리고 스스로 자신의 모습을 돌아보며 말하는 태도를 바꿔 나갔다.

"나는 겸손하게 나의 의견을 개진하는 습관을 들였다. 이를 테면 논쟁의 소지가 있는 의견을 밝힐 때는 '분명', '의심할 나위 없이' 등의 독단적인 말투보다는 '이러저러한 이유 때문에 내 생각은 이러하다.', '제 짐작으로는 그렇습니다.', '내 생각이 틀리지 않다면' 등의 말을 사용했다. 이런 습관은 상대를 설득하고 나의 계획을 납득시킬 때 굉장히 도움이 되었다."

'저는 분명히'라는 말 대신
'제 생각이 틀리지 않는다면'이라는 말을 사용한다.

프랭클린의 말로부터 하지 말아야 할 말과 해야 할 말을 구분해 볼 수 있다.

분명히 (×)

의심할 나위 없이 (×)

282

제 짐작으로는 (○)

내 생각이 틀리지 않는다면 (○)

대화란 무엇일까. 내 생각을 일방적으로 전달하는 것일까? 글쎄, 상황에 따라선 그런 목적도 일정하게 효과를 발휘할 수 있을 테다. 하지만 제대로 된 대화란 그런 게 아니다.

> "대화의 목적은 정보를 교환하고 즐거움을 나누고 상대를 설득하는 데 있다. 제아무리 지식이 풍부하고 선한 사람이라도 독단적이고 거만한 태도로 대화에 임한다면 상대의 반감을 불러일으켜 본래 힘을 발휘하지 못하게 된다는 점을 반드시 기억하기 바란다. 안 그러면 유익한 정보와 즐거움을 나누려던 대화의 목적이 좌절될 것이다."

책을 읽는다. 지식을 쌓는다. 그리고 선한 사람이 된다. 여기까지는 좋다. 프랭클린은 여기서부터가 더 중요하다고 말한다. '독단적이고 거만한 태도'로 자신의 지식을 상대방과 나누려 하다 보면 오히려 상대의 반감만 불러일으키고 지식을 쌓은 성과는커녕 관계만 악화된다는 것을 깨달았던 것이다.

책을 읽고 생각하며 누군가와 대화를 나누는 과정, 이 모든 과정은 무작정 뛰어든다고 인격 성장에 도움이 되는 게 아니다. 각 단계마다 자신만의 기준을 잡고 조심스럽게 접근해야 한다. 이를 경계하고 또 조심했던 벤저민 프랭클린의 말에 귀를 기울여 보길 바란다.

신념만으로는 인간의 실수를 막기에 역부족임을 깨달을 것
"완전무결한 내가 되기 위해 스스로 덕목들과
그에 따른 규율을 정한다."

'프랭클린 다이어리'. 많이 들어들 봤을 것이다. 한때 나 역시 이 다이어리를 애용했었다. 지금은 스마트폰 다이어리를 사용하지만 말이다. '프랭클린 다이어리'를 벤저민 프랭클린 자신이나 후손이 만든 것은 아니라고 한다. 다만 벤저민 프랭클린의 시간 관리와 자기 계발 노력이 다이어리에 반영될 정도로 엄청나다는 건 사실이다.

벤저민 프랭클린은 자신이 지켜야 할 덕목을 스스로 정리한 후 그 덕목을 수첩에 적고 실천하려고 했다. 그가 휴대하고 다녔던 수첩 형식에 착안하여 후세에 누군가가 만든 게 바로 프랭클린 다이어리라는 플래너(Planner)다. 이 다이어리는 실용적인 덕목의 실천을 강조한 프랭클린의 유작인 셈이다.

그는 왜 이렇게 나름의 덕목을 만들고 그것을 실천하려고 애썼을까.

"성인이 될 무렵 나는 도덕적으로 완벽해지겠다는 무모하고도 대담한 계획을 마음에 품었다. 정말이지 완전무결한 삶을 살고 싶었다. 타고난 성격뿐만 아니라 주위 사람들의 영향으로 형성될 수 있는 나쁜 성향과 습관들까지 모두 극복하고 싶었다."

'도덕적으로 완벽해지겠다.'는 계획을 품는 사람이 흔할까. 유명해지겠다, 돈을 많이 벌겠다는 생각은 하지만 도덕적인 완벽성을 추구하는 것은 일반인으로서는 추구하기 힘든 목표 아닐까. 그는 청교도적인 삶을 살려 했다. 물론 일반인인 벤저민 프랭클린에게 이 과제는 쉽지 않았을 테다. 그 역시 어려움을 이렇게 고백했다.

"옳지 못한 것을 피하고 옳은 길로 가는 것이 쉽게만 보였다. 하지만 생각했던 것보다 훨씬 녹록치 않았다. 한 가지 잘못을 피하려고 집중하다 보면 어느새 다른 잘못을 저지르게 되는 것이었다. 잠시 마음을 놓고 있는 순간마다 나쁜 습관이 나타났고, 타고난 성향은 이성보다 더욱 강력했다."

그는 웬만한 방법만으로는 자신을 통제할 수 없음을 깨달았다. 의욕만으로는 도덕적으로 완벽해지는 것이 불가능함도 깨달았다. 이성이 자신의 타고난 성향, 나쁜 습관에 판판이 깨져나가는 것을 경험으로 깨달은 것이다. 그래서 그는 새로운 방법을 찾아내고자 한다.

"나는 신념만으로는 인간의 실수를 막기에 역부족이라는 결론에 도달했다. 항상 확고하고 일관성 있는 행동을 하기 위해서는 잘못된 습관을 고치고 바른 습관을 익혀야 했다."

그는 '완전무결한 삶'을 살기 위한 '구체적 방법'을 스스로 찾아내기로 한다. 우선, 자신이 읽었던 책으로부터 도덕적으로 완벽해지기 위한 덕목을 추출해 냈다. 덕목의 숫자는 한두 개가 아니었다. 다음 단계에 돌입한다. 명확성을 위해 덕목의 숫자를 적절하게 줄였다. 그리고 마지막으로는 덕목을 실천하기 위한 세부적인 규율을 적었다. 프랭클린은 결국 스스로 적용할 규율 13가지를 찾아냈다.

신념만으로는 완전무결한 삶을 살 수 없다.
잘못된 습관을 고치고 바른 습관을 익혀야만 그러한 삶을 살 수 있다.

1. 절제 : 배가 부를 정도로 먹지 않는다. 정신을 잃을 만큼 마시지 않는다.

2. 침묵 : 서로에게 유익하지 않은 말은 하지 않는다. 쓸데없는 말은 하지 않는다.

3. 규율 : 모든 물건은 제자리에 둔다. 모든 일은 시간에 맞춰 한다.

4. 결단 : 일단 결심한 것은 반드시 행한다.

5. 절약 : 유익하지 않은 일에 돈을 쓰지 않는다.

6. 근면 : 시간을 허비하지 않는다. 항상 유익한 일을 하되 불필요한 행동은 하지 않는다.

7. 정직 : 다른 사람을 속이지 않는다. 악의 없이 공정하게

생각하며 말과 행동을 일치시킨다.

8. 정의 : 남에게 피해를 주지 않는다. 정당한 대가를 치러야 할 때를 잊지 않는다.

9. 중용 : 극단적으로 행동하지 않는다. 상대가 나쁜 행동을 하더라도 홧김에 후회할 일을 하지 않는다.

10. 청결 : 몸을 깨끗이 하고 옷을 단정하게 입는다. 주변을 깔끔하게 정리한다.

11. 평정 : 사소하거나 흔히 일어날 수 있는 일, 혹은 불가피한 상황에도 평정심을 잃지 않는다.

12. 순결 : 건강과 자손을 위한 성관계가 아닌 경우 자제한다.

13. 겸손 : 예수와 소크라테스를 본받는다.

그는 완벽을 추구했다. 완전무결한 사람이 되고자 덕목과 그에 따른 규율을 정하는 데에 시간을 아끼지 않았다. 생각해 보면 오직 타인의 규율에 따라 살아야 하는 삶은 비참하다. 벤저민 프랭클린은 타인의 규율에 휘둘리기 전에 스스로 자신을 세우고자 했다. 자율적인 삶을 놓치려 하지 않았다. 그기에 세상에서 가장 소중한 자신을 위해 스스로 지켜야 할 기준을 정리했다.

프랭클린의 13가지 덕목들을 살펴본다. 대단한 것 같지만 사실 하나하나가 일상에서 조금만 관심을 두면 찾아낼 수 있는 것이다. 그가 우리와 다른 점은 적극적으로 도덕적 완결성, 그리고 좀 더 나은 인간성을 찾고자 관심을 두고 실천하려 했다는 점이다. 그런 삶이야말로 주체적인 삶이며 자존감을 스스로 키워 내는 방법이 아닐 수 없다.

나와 우리 자녀는 스스로 정한 삶을 살아가는 기준을 만들고 있는가. 어떻게 살아갈 것인가에 대한 해답을 마음속으로부터 정리하여 구체화해 놓았는가. 우리는 무엇을 보고, 어떻게 살아가고 있는 것일까. 프랭클린이 13가지 덕목을 만들었던 과정을 살펴보면서 자녀와 함께 이야기를 나눠 볼 때다.

더 나은 사람이 되기 위해서 좋은 것을 실행에 옮기는 비결
"일주일에 한 가지 덕목만 실천하기로 했다."

벤저민 프랭클린을 두고 '계획의 대가'라고들 말한다. 하지만 나는 그를 '실행의 대가'로 평가하고 싶다. 그의 실행력은(물론 내가 옆에서 본 것은 아니지만!) 기가 막힐 정도다. 앞에서 그가 자신

을 규율하기 위한 13가지 덕목을 추출해 냈음을 확인했다. 사실
이 정도는 나도 할 수 있다. 결론은 실행이다. 어떻게 자신에게
적용시킬 것인가의 문제가 남았다.

그는 13가지의 덕목을 습관처럼 몸에 익히고 싶었다. 13가지
규율, 머리에 떠올리는 건 그리 어렵지 않다. 하지만 이것을 일
상적인 습관으로 만들기 위해서는 생각하고 고민하는 것만으로
는 어려웠을 테다. 벤저민 프랭클린은 '완전무결한 삶'을 추구
하던 사람이다. 그는 지식뿐만 아니라 행동 역시 자신의 인생 기
준에 맞추어 살고자 했다. 그는 자신이 만든 규율을 자기 것으로
만들기 위해 방법을 찾아냈다.

우선 한 번에 하나씩만 습득하기로 결심한다.

"한 번에 전부를 얻으려고 하기보다는 하나씩 완성해 나
가는 편이 나을 것 같았다. 그렇게 하나를 완벽히 습득하면
또 다음 덕목으로, 그렇게 13가지 덕목을 오롯이 나의 것으
로 습득하기로 결심했다."

알고 보니 그가 1부터 13까지 숫자를 매긴 것에는 나름대로
계산이 있었다.

"13가지 덕목의 순서는 한 가지 덕목을 습득하고 나서 다음 덕목을 익히는 데 도움이 되도록 배열한 것이다."

한 번에 전부를 얻으려는 욕심을 버린다. 한 번에 하나씩 습득하여 결과적으로 모든 것을 얻기로 한다.

예를 들어 그는 최초에 '절제'라는 덕목에 집중하면서 이성과 주의력을 기른다. 오래된 나쁜 습관을 반복하는 실수를 이겨 낸다. 이를 완벽하게 습득했을 때 비로소 다음 단계인 '침묵'으로 넘어간다. 그는 많은 것을 배우고 싶었던 사람이다. 배우기 위해서는 타인과 대화할 때 들을 줄 알아야 한다. 이때 최초에 배운 절제가 침묵하도록 도와준다.

다음으로 그는 하루 일과를 점검할 수 있는 방법을 만든 후 '자기 성찰(自己 省察)'의 시간을 갖기로 한다.

"하루하루를 돌이켜보는 시간이 필요하다고 생각했다. 나름대로 하루 일과를 점검할 수 있는 방법을 만들었다. 작은 수첩을 준비해서 가로 7칸, 세로 13칸을 만들고 요일과 덕목을 나란히 배열했다. 그리고 하루 단위로 13가지 덕목

을 제대로 지켰는지를 돌아보고 잘못한 것이 있을 때마다

해당되는 칸에 검은색으로 표시해 두기로 했다.”

다음의 표를 보라.

	월	화	수	목	금	토	일
절제							
침묵	●			●	●	●	
규율		●					
결단		●			●		
절약		●				●	●
근면							●
정직							
정의					●		
중용							●
청결			●				●
평정	●		●				
순결							
겸손				●	●	●	

그는 자신이 세운 13가지 규율을 매일 확인하고 점검해 일상의 습관이 되도록 노력했다. 얼핏 보면 누구나 할 수 있을 것 같지만 매일 밤 이 규율들을 보면서 하루를 반성하던 벤저민 프랭클린의 모습은 생각만 해도 성스러울 정도다. 자신의 인생을 그만큼 사랑하는 사람이 또 있을까.

마지막으로 그는 장기적인 안목으로 자기 삶을 가꾸었다.

"일주일에 한 가지 덕목씩 실천하기로 했다. 처음 일주일 동안은 '절제'에 어긋나는 행동을 하지 않도록 애쓴다. 다른 항목들은 크게 신경 쓰지 않는다. 단, 매일 밤 그날 내가 잘 못한 부분에 검은 점으로 표시를 하는 걸 잊지 않는다. 이렇게 '절제' 칸에 일주일 동안 검은 점이 한 개도 찍히지 않았다면 올바른 습관을 익힌 것으로, 잘못된 습관은 약화된 것으로 판단했다. 그런 식으로 두 번째 주부터는 다음 덕목인 '침묵'을 시작한다. '절제'와 '침묵' 두 가지 칸에 모두 검은 점이 찍히지 않도록 주의를 기울였다."

13주가 지나면 자신이 정해 놓은 13가지 덕목을 한 번 정리할 수 있다는 것을 파악했다. 1년은 52주다. 그렇다면 일 년에 4번 반복할 수 있다. 자신이 만든 규율을 어떻게 해서든지 실행에 옮기려는 벤저민 프랭클린의 다짐이 소름끼칠 정도다. 그의 나이 이제 만 18세 때 한 일인데 중년 남성인 내게 반성의 마음을 갖게 한다. 그는 말했다.

"잡초를 뽑을 때도 한 번에 끝내려고 덤비기보다 일정한 양을 정해 놓고 다음으로 넘어가야 수월한 법이다. 덕목이 하나씩 완성되어 가는 것을 눈으로 보면서 더욱 큰 용기와 즐거움을 느낄 수 있다. 그렇게 여러 차례 반복하다 보면 13주 차부터는 검은 점이 하나도 찍히지 않는 것을 보게 될 것이다."

잡초를 뽑고 싶다면 한 번에 끝내려고 덤비는 것보다
일정한 양을 정해 놓고 다음으로 넘어가야 수월한 법이다.

자기를 바꾼다는 것, 어떻게 생각하면 쉽지만 그것을 자기 것으로 만드는 일은 절대 만만치 않다. 하지만 벤저민 프랭클린은 해냈다. 그처럼 부모가 자녀와 함께 자신만의 규율을 만들고 습관화하면 삶을 보다 풍요롭게 만들 수 있지 않을까.

참고문헌

《유배지에서 보낸 편지》, 정약용, 박석무 역, 창비, (2009)

《격몽요결》, 이이, 정후수 역, 올재, (2013)

《난중일기》, 이순신, 노승석 역, 여해, (2016)

《내 아들아 너는 인생을 이렇게 살아라》, 필립 체스터필드, 권오갑 역, 을유문화사, (2001)

《세계사편력》, 자와할랄 네루, 곽복희, 남궁원 역, 일빛, (2004)

《에밀》, 장 자크 루소, 김중현 역, 한길사, (2003)

《퇴계 이황 아들에게 편지를 쓰다》, 퇴계 이황, 이장우, 전일주 역, 연암서가, (2011)

《내훈》, 소혜왕후, 이경하 주해, 한길사, (2011)

《리더를 꿈꾸는 청소년에게》, 존 맥스웰, 김성 역, 애플북스, (2019)

《딸에게 보내는 편지》, 마야 안젤루, 이은선 역, 문학동네, (2010)

《아버지께 드리는 편지》, 프란츠 카프카, 정초일, 은행나무, (2015)

《벤저민 프랭클린 자서전》, 벤저민 프랭클린, 정윤희 역, 원앤원북스, (2015)

아이의 자존감을 위한
부모 인문학

초판 1쇄 발행 2020년 1월 8일
초판 1쇄 발행 2020년 1월 15일

지은이 김범준
펴낸이 이범상
펴낸곳 (주)비전비앤피 · 애플북스

기획 편집 이경원 유지현 김승희 조은아 박주은 황서연
디자인 김은주 이상재 한우리
마케팅 한상철 이성호 최은석 전상미
전자책 김성화 김희정 이병준
관리 이다정

주소 우)04034 서울시 마포구 잔다리로7길 12 (서교동)
전화 02)338-2411 | **팩스** 02)338-2413
홈페이지 www.visionbp.co.kr
인스타그램 www.instagram.com/visioncorea
포스트 post.naver.com/visioncorea
이메일 visioncorea@naver.com
원고투고 editor@visionbp.co.kr

등록번호 제313-2007-000012호

ISBN 979-11-90147-10-1   13590

· 값은 뒤표지에 있습니다.
· 잘못된 책은 구입하신 서점에서 바꿔드립니다.

이 도서의 국립중앙도서관 출판시도서목록(CIP)은 서지정보유통지원시스템 홈페이지(http://seoji.nl.go.kr)와 국가자료공동목록시스템(http://www.nl.go.kr/kolisnet)에서 이용하실 수 있습니다.(CIP제어번호: CIP2019052872)